JOHANNES JANKA

DIE DIGITALISIERUNG

und die wichtigsten Erfindungen der Neuzeit

Sachbuch

Bibliografische Information der Deutschen National-bibliothek: Die Deutsche Nationalbibliothek verzeichnet diese Publikation in der Deutschen Nationalbibliografie; detaillierte bibliografische Daten sind im Internet über http://dnb.dnb.de abrufbar.

1. Auflage 2021

© 2021 Johannes Janka

Alle Rechte vorbehalten.

Korrektorat: Meike Sandt

Herstellung und Verlag: BoD – Books on Demand, Norderstedt

ISBN: 978-3-7557-3786-5

Für meine Mutter und meinen Vater, die mich in jeder Situation unterstützen und für mich da sind. Ohne sie wäre ich niemals in der Ausgangssituation gewesen, dieses Buch zu veröffentlichen.

INHALTSVERZEICHNIS

PROLOG

Wenn Sie dieses Buch in Ihrer Hand halten, oder auf Ihrem E-Book-Reader lesen, dann interessieren Sie sich für die Digitalisierung, oder Sie sind Schüler und müssen in der Schule eine PowerPoint-Präsentation zum Thema Digitalisierung halten, obwohl Sie von diesem Thema keinerlei Ahnung haben. Gerne helfe ich Ihnen in beiden Fällen weiter, um dieses immens wichtige Thema zu verstehen, denn die Digitalisierung betrifft uns alle. Nachdem Sie dieses Buch gelesen haben, werden Sie die wichtigsten Themen der Digitalisierung, wie beispielsweise künstliche Intelligenz, Blockchains, und viele mehr, besser verstehen. Damit ich Ihnen nicht nur theoretische Konzepte erklären muss, gebe ich Ihnen in jedem Kapitel Beispiele für Anwendungen der Technologien und einen Ausblick, wie diese

Technologie unsere Welt verändern könnte. Des Weiteren werde ich Ihnen Personen vorstellen, die wichtige Antreiber der Digitalisierung waren und Unternehmen gründeten, die unsere Welt nachhaltig verändern werden.

EIN BLICK IN DIE VERGANGENHEIT

U m die heutige industrielle Revolution, auch genannt Industrie 4.0, zu verstehen, sollten Sie zumindest einmal von den vorherigen industriellen Revolutionen gehört haben. Keine Angst, ich halte dieses Thema ziemlich kurz, damit Sie nicht schon während den ersten Seiten einschlafen.

Die erste industrielle Revolution begann im 18. Jahrhundert. Die wichtigste Innovation der ersten industriellen Revolution war der mechanische Webstuhl, durch den die Nachfrage nach Handwebern verringert wurde. Dadurch kam es anfangs zu geringeren Löhnen und einer höheren Arbeitslosigkeit. Nach einigen Jahren stieg die Nachfrage jedoch an, wodurch die Beschäftigung immer weiter anstieg, besonders durch einen Anstieg der Anzahl von Webstühlen von 2400 im Jahr 1803 auf eine Viertelmillion innerhalb von 54 Jahren.

Diese Erkenntnis ist auch wichtig für die Industrie 4.0, durch die immer mehr Menschen Angst haben, ihren Arbeitsplatz zu verlieren. Natürlich kann es dazu kommen, dass Arbeitsplätze durch eine Automatisierung der Produktion verloren gehen. Langfristig wird sich die Anzahl der Arbeitsplätze jedoch erhöhen. Eine weitere Erfindung aus der ersten industriellen Revolution war übrigens die Dampflokomotive, die 1814 von George Stephenson gebaut wurde.

Die zweite industrielle Revolution begann im darauffolgenden Jahrhundert durch die Entdeckung der Elektrizität und Fließbandfertigung. Diese Entdeckung ermöglichte die Massenproduktion in Fabriken, primär durch die Einführung von optimierten Prozessen. Für viele der Unternehmen, die heutzutage noch erfolgreich sind, darunter Daimler und Lufthansa, zählt die zweite industrielle Revolution als wichtiger Meilenstein. Durch die Erfindung des Diesel- und Benzinmotors konnte sich die Automobilindustrie und die Luftfahrt weiterentwickeln. Im frühen 20. Jahrhundert wurde beispielsweise der erste kommerzielle Passagierflug durchgeführt, der wegweisend für die heutige Luftfahrtbranche war. Weitere Erfindungen der zweiten industriellen

Revolution waren das Telefon, welches Sie wahrscheinlich schon durch ein Smartphone ersetzt haben, sowie die Glühbirne, die 1879 von Thomas Edison entwickelt wurde.

Die dritte Revolution beinhaltete bereits Erfindungen und Innovationen, die in der Digitalisierung unabdingbar sind. Begonnen hat die dritte industrielle Revolution in den 1970ern. Innovationen aus dieser Zeit waren unter anderem Roboter, die dabei halfen, Arbeitsvorgänge zu automatisieren.

Ich bin mir sicher, dass Sie der Meinung sind, dass es die Digitalisierung erst seit wenigen Jahrzehnten gibt, vielleicht ab dem Jahr, in dem auch die dritte industrielle Revolution begann. Das wird vermutlich daran liegen, dass der Begriff „Digitalisierung" besonders in den letzten Jahren an Bedeutung zugewonnen hat. Viele Personen reden über die Digitalisierung entweder in Bezug auf das Privatleben, welches durch Smartphones und Personal

Computer stark verändert wurde, oder auch in Bezug auf Unternehmen, die durch Roboter und Automatisierung mehr Geld einsparen können, indem immer mehr Stellen abgebaut werden. Die Digitalisierung gibt es jedoch schon seit den 1930er Jahren. Angefangen hat sie mit dem „Z1 Rechner".

Der Z1-Rechner ist ein mechanischer Rechner, der 1937 von Konrad Zuse, einem wichtigen Erfinder und Unternehmer, hergestellt wurde. Der Z1-Rechner war das erste frei programmierbare Rechenwerk mit binären Zahlen und war trotz unzureichender Zuverlässigkeit so erfolgreich, dass es in den folgenden Jahren noch die Nachfolger Z2, Z3 und Z4 gab. Besonders wichtig ist der Z1-Rechner deswegen, weil er der Vorläufer des modernen Computers ist. Ohne die Erfindung von Konrad Zuse würden Sie heutzutage vielleicht keinen Personal Computer besitzen und müssten noch immer Bücher lesen, um Informationen zu erhalten, anstatt alles innerhalb von Sekunden im Internet zu erfahren. Nun stellt sich natürlich die Frage, warum Sie dann trotzdem dieses Buch hier lesen, aber diese Frage werden wohl nur Sie selbst beantworten können.

Besonders ab den 1960er Jahren entwickelte sich die Technik, besonders die der Computer, immer weiter. Die Geräte konnten immer schneller rechnen und Daten verarbeiten. Andererseits wurden die Geräte auch immer kleiner. Während ein Z1-Rechner gerade so in einen großen Raum passte und rund eine Tonne Gewicht hatte, konnte man die Computer aus den 1960er Jahren bereits auf einen Tisch stellen und mit einer Tastatur, die auch heute noch benutzt wird, Befehle eingeben. Auch die Preise wurden jedes Jahr bezahlbarer. Während ein Z1-Rechner aufgrund des hohen Preises wahrscheinlich in keinem einzigen Haushalt vorzufinden war, besitzt heutzutage nahezu jede Person in

Deutschland mindestens einen Laptop oder Computer.

Grundlegend für diesen Preisverfall, sowie immer leistungsfähigere Computer, war das Mooresche Gesetz, von dem Sie vielleicht schon einmal gehört haben.

1965 stellte Gordon Moore, ein Ingenieur und Unternehmer aus den Vereinigten Staaten, der auch Mitbegründer der Firma Intel ist, die These auf, dass sich die Anzahl aktiver und passiver Komponenten auf einer integrierten Schaltung alle zwei Jahre verdoppelt. Zurückblickend ist dieses Gesetz in großen Teilen immer noch von großer Bedeutung, denn die Rechenleistung verdoppelt sich zurzeit etwa alle 18 Monate. Zur Verteidigung von Gordon Moore muss man jedoch anmerken, dass je nach Quelle ein Zeitraum von 12 bis 24 Monaten als Zeitraum genannt wird, weshalb wir ihn diesen Fehler noch einmal durchgehen lassen.

Von Vorteil ist dieser Fortschritt auch für unseren Geldbeutel. Vergleicht man die prozentuale Verbesserung der Prozessoren eines Smartphones aus der heutigen Zeit im Bezug zu den Prozessoren von vor zehn Jahren und achtet dabei gleichzeitig auf den Preis, erkennt man, dass die Preise relativ gesehen immer weiter abnahmen.

Jetzt fragen Sie sich vielleicht, an welcher Stelle wir uns gerade befinden. Wir befinden uns gerade in der vierten industriellen Revolution, die oft auch einfach nur „Industrie 4.0" genannt wird. Der Unterschied zu den vorherigen industriellen Revolutionen ist der, dass nicht nur neue Technologien entwickelt werden, sondern auch, dass sich die Produktions- und Arbeitswelt verändert. Die Industrie 4.0 wird beschrieben als eine intelligente Vernetzung von Maschinen mit Hilfe von Informationstechnologien. Dadurch kommt es zu einer optimierten Logistik mit einer flexiblen Produktion. Um die

Produktion zu optimieren, werden Daten eingesetzt, die vorher gesammelt, gebündelt und ausgewertet wurden. Ein weiterer Vorteil der Datensammlung ist der, dass das Unternehmen mehr Informationen über den Zustand eines Produkts oder einer Maschine erhält, um vorausschauend agieren zu können. Beispielsweise können Maschinen repariert oder ausgetauscht werden, bevor der Schaden entsteht, wodurch ein Produktionsstopp verhindert werden kann.

Ein häufig genannter Begriff im Zusammenhang mit der Industrie 4.0 ist auch das „Internet of Things (IoT)", beziehungsweise „Industrial Internet of Things (IIoT)". IoT ist ein Teil der Industrie 4.0 und beschäftigt sich damit, physische und virtuelle Objekte miteinander zu vernetzten, um diese zusammenarbeiten zu lassen. IIoT beschäftigt sich mit Sensoren und Maschinen, die über einen Computer miteinander verbunden sind, um die Produktion zu optimieren. Neben dem Sammeln von Daten ist auch die Entwicklung der künstlichen Intelligenz wichtig, um Prozesse zu verbessern und Kosten zu sparen.

USA VS CHINA: EIN DIGITALES WETTRÜSTEN

Zum Anfang dieses Kapitels bitte ich Sie, darüber nachzudenken, welche großen Internetunternehmen Sie kennen.

Ich bin mir sicher, dass Sie mindestens eines der Unternehmen, welche ich im Folgenden genauer erläutern werde, genannt haben. Wahrscheinlich aber nicht ein einziges europäisches Unternehmen. Das liegt daran, dass die größten Internetunternehmen nicht in Europa, sondern entweder in den USA oder in China gegründet werden. Alle Unternehmen, die 2021 im Dax-30 beinhaltet waren, sind zusammen weniger wert als Amazon, Apple oder Microsoft allein. Umso wichtiger ist es nun, dass Deutschland, beziehungsweise die Europäische Union, digitale Unternehmen im Bereich Energie, Logistik, Bildung oder Gesundheit aufbaut, da diese Digitalmärkte noch nahezu komplett offen sind, um mit richtigen Entscheidungen und langfristigen Investitionen, Unternehmen aufzubauen, die eine Konkurrenz zu den Unternehmen aus den USA und China darstellen.

Bis diese Unternehmen in Europa entstehen, wird es jedoch weiterhin ein „digitales Wettrüsten" zwischen den USA und China geben und damit ein

Wettbewerb zwischen zwei Staatssystemen: der Demokratie und Autokratie.

Apple: Luxus als Verkaufsargument

Apple ist das erste US-Unternehmen, auf das ich genauer eingehen möchte und ist bezogen auf den Marktwert das zweitgrößte Unternehmen der Welt, da es Ende Oktober 2021 von Microsoft überholt wurde. Das kalifornische Unternehmen Apple besaß 2020 einen Nettogewinn von knapp 57 Milliarden US-Dollar. Ich denke, dass ich hier für jeden sprechen darf, wenn ich sage: So viel Geld würde ich auch gerne besitzen.

Apple wurde 1976 von Steve Jobs, sowie Steve Wozniak und Ron Wayne (die vermutlich eher weniger Menschen kennen) gegründet. In der Zeit von Steve Jobs wurde mit den Computern „Lisa" und „Macintosh" ein Personal Computer eingeführt, der eine grafische Benutzeroberfläche und eine Maus besaß, eine echte Innovation für die damaligen Zeiten.

Bekannt wurde Apple aber vor allem durch das Verkaufen von iPods, iPhones, MacBooks und iPads. Das Nummer-eins-Verkaufsargument für ein Apple-Produkt ist jedoch nicht, dass es den besten Prozessor oder den größten Arbeitsspeicher besitzt, sondern viel mehr der Luxus, den man durch den Besitz eines Apple-Gerätes kauft. Sowohl MacBooks sind teurer als ähnliche Windows-Laptops und iPhones sind teurer als konkurrierende Smartphones mit ähnlicher Leistung. Dennoch besitze auch ich ein iPhone von Apple und manche Personen würden sagen, dass ich doch genauso ein Smartphone einer anderen Marke für den halben Preis kaufen könnte – vielleicht zu Recht.

Dennoch hat Apple, auch neben einem luxuriös aussehenden Design, viele Vorteile, die andere Marken nicht oder nicht im selben Umfang bieten können. Apple hat es geschafft, ein Ökosystem zu erschaffen, dass den Nutzer einsperrt. Der Fachbegriff für diesen Effekt wird „Lock-In-Effekt" genannt. Apple versucht, den Kunden an die Produkte und Services zu binden, indem künstliche Wechselbarrieren erschaffen werden, durch die es oft nur schwer möglich ist, den Anbieter zu wechseln. Besonders in den letzten Jahren veröffentlichte Apple viele Services und Produkte, die miteinander verbunden waren. Wenn eine Person ein iPhone kauft und sich für Fitness interessiert, kauft sie vielleicht eine Apple Watch und passend dazu den Service „Fitness+", mit dem man verschiedene Workouts ausprobieren kann. Möchte man nun ein Smartphone einer anderen Marke kaufen, da das iPhone kaputt gegangen ist und einem die Preise für ein neues iPhone zu hoch sind, bemerkt man plötzlich, dass die Apple Watch nur mit einem Smartphone von Apple kompatibel ist. Außerdem ist der Service „Fitness+" für Wearables von Apple optimiert, wodurch eine Smartwatch eines anderen Herstellers nicht in Frage kommt. Auch der Service „iCloud", durch den man Daten online speichern kann, nutzt den „Lock-In-Effekt". Wer beispielsweise seine Bilder und Videos in der iCloud speichert, wird ein Problem haben, wenn er von einem iPhone zu einem Smartphone einer anderen Marke wechselt, da es höchstens möglich ist, diese Bilder und Videos über den mobilen Browser herunterzuladen.

Xiaomi und Huawei: Die Apple-Vernichter?

Das chinesische Unternehmen Xiaomi, welches auch Smartphones herstellt, besaß im zweiten Quartal von 2021 mit rund 17 Prozent einen noch größeren Marktanteil als Apple mit 14 Prozent und überholte damit für eine kurze Zeit den US-Riesen Apple. Analysiert man nun die vorhandenen Daten über die Marktanteile im Smartphone-Bereich aus der Vergangenheit, erkennt man, dass das chinesische Unternehmen Xiaomi besonders seit 2018 stark expandieren konnte und den Marktanteil fast verdoppelte. Noch interessanter ist allerdings das Unternehmen Huawei. Während der Marktanteil im zweiten Quartal von 2020 noch bei 20 Prozent lag, sank der Marktanteil im vierten Quartal von 2020 auf 8,4 Prozent. Grund dafür war – wie kann man es anders erwarten – der ehemalige US-Präsident Donald Trump. Mitte 2019 erließ Trump ein Dekret, in dem er den nationalen Notstand in Bezug auf Telekommunikation erklärte. Dadurch war es möglich, Geschäfte zwischen US-Unternehmen und anderen Staaten zu unterbinden, woraufhin Google ab Mai 2019 einen Teil der Zusammenarbeit mit Huawei beenden musste. Im Dezember 2020 setzte die USA zudem hunderte von Unternehmen, darunter Huawei, auf eine „schwarze Liste", da US-amerikanische Behörden zu der Einschätzung gekommen waren, dass diese Unternehmen technisches Know-how aus den USA an das chinesische Militär weitergeben könnten. Außerdem wurden die Sanktionen gegen Huawei verschärft, wodurch Huawei den Zugang zu wichtigen Bauteilen verlor und die Produktion um fast 75 Prozent senken musste. Wie bereits erwähnt, sanken dadurch die Marktanteile von Huawei deutlich, währenddessen die Marktanteile des US-Unternehmens Apple weiter anstiegen.

Man könnte hier fast schon von einer Art Kaltem Krieg 2.0 reden, bei dem diesmal nicht die Großmächte USA und Sowjetunion, sondern USA und China immer weiter aufrüsten. Der große Unterschied ist jedoch, dass das Wettrüsten diesmal nicht militärischer, sondern vielmehr wirtschaftlicher und digitaler Natur ist.

Microsoft: Der Software-Riese aus den USA

Microsoft ist ein Technologieunternehmen mit Hauptsitz in Seattle. Mit einer Marktkapitalisierung von rund 2 Billionen Euro ist Microsoft das größte Unternehmen der Welt. Microsoft wurde 1975 von

Paul Allen und Bill Gates gegründet und bietet heutzutage vor allem Betriebssysteme und Anwendungsprogramme, wie beispielsweise Word und PowerPoint, an. Ende 2020 wurde zudem bekannt, dass Microsoft eigene Chips entwickeln möchte, um neben Samsung eine Konkurrenz zu Intel darzustellen.

Von Vorteil für Microsoft war der Trend zum Home-Office, ausgelöst durch die Covid-19-Pandemie. Dadurch stieg die Nutzung von Cloud-Lösungen, aber auch die Nutzung des Microsoft-Produkts „Teams". Allgemein war es möglich, neben den vielen Nachteilen, die die Corona-Krise besitzt, die Digitalisierung stark zu beschleunigen. Diese Beschleunigung war allerdings primär für Digitalunternehmen aus den USA zu spüren, währenddessen man in Deutschland die Defizite im Bereich der Digitalisierung noch genauer sehen konnte.

Aber nun zurück zu Microsoft. Microsofts Ziel ist es, alle Software-Märkte zu beherrschen. Mit

Windows und Microsoft Office konnten schon mehrere Märkte beherrscht werden, nun möchte Microsoft allerdings auch unter anderem in den Bereichen Datenbanken und Cloud Computing die Marktanteile erhöhen. Ein weiteres Ziel von Microsoft war in der Vergangenheit die Herstellung von Smartphones mit einem eigenen Betriebssystem, an dem Microsoft nach einigen Jahren so stark scheiterte, dass dieses Projekt eingestellt wurde.

Vielleicht denken Sie, dass die Haupteinnahmequellen von Microsoft die Office 365 Programme oder das Betriebssystem Windows sind. Tatsächlich verdient Microsoft allerdings schon seit Jahren am meisten mit dem Cloud-Service „Azure", bei dem mit dem Werbeslogan „Sichern und Verwalten Ihrer Daten, als ob Ihr Geschäft davon abhinge" geworben wird. Auch Bereiche der Digitalisierung, wie beispielsweise künstliche Intelligenz und Machine Learning, sowie Internet of Things finden hier ihre

Anwendung. Microsoft ist zudem das einzige Unternehmen unter den größten fünf US-Unternehmen, dem keine ernstzunehmende Konkurrenz aus China droht. Zwar besitzt Alibaba, ein chinesisches Unternehmen, auf das in den nächsten Seiten noch genauer eingegangen wird, Cloud-Produkte, diese werden allerdings primär von chinesischen Unternehmen benutzt. Zudem plant Microsoft bis Anfang 2022 vier neue Rechenzentren aufzubauen, wodurch sich die Cloud-Kapazität von Microsoft in China verdoppelt.

Google: Ebay nur in groß

Google ist ein amerikanisches Technologieunternehmen, das die bekannteste Suchmaschine der Welt besitzt. Wenn Sie zum Kauf des Buches nicht eine App, sondern die Webseite eines Onlineversandhändlers verwendet haben, werden Sie zu einer sehr hohen Wahrscheinlichkeit den Service von Google verwendet haben. Die Suchmaschine von

Google ist nämlich so beliebt, dass fast 90 Prozent aller mobilen Suchanfragen und knapp 80 Prozent der Desktop Suchanfragen durch Google abgewickelt werden. Im Bereich der Suchmaschinen gibt es keine ernstzunehmende Konkurrenz. Bing und Yahoo!, Namen, die Sie bestimmt schon einmal gehört haben, besitzen im mobilen Markt nicht einmal ein Prozent der Marktanteile.

Baidu ist das einzige Unternehmen, das es geschafft hat, im mobilen Markt zumindest ein Bruchstück der Marktanteile von Google wegzunehmen. Baidu ist ein chinesisches Unternehmen, das auch eine Suchmaschine anbietet, die aber primär in China verwendet wird. Baidu wurde in der Vergangenheit immer wieder dafür kritisiert, mit chinesischen Behörden zusammenzuarbeiten, um sich an der staatlichen Internetkontrolle in China zu beteiligen. Dazu gehörten beispielsweise

Zensurmaßnahmen, um die Suche nach Internierungslagern zu verhindern.

Da Sie nun vielleicht nicht wissen, was Internierungslager sind, möchte ich zu diesem sehr wichtigen Thema einen kurzen Exkurs geben, bevor wir wieder zu Google und Baidu kommen. Internierungslager sind Haftorte, in denen Personen, darunter vor allem Zivilisten, die Freiheit entzogen wird, um diese Personen von der übrigen Bevölkerung zu isolieren. Nachdem die chinesische Regierung die Existenz der Lager zuerst bestritt, bestätigte Peking Ende 2018, dass es solche Lager in der Provinz Xinjiang gebe. Seit 2017 ist zudem bekannt, dass in den Internierungslagern muslimische Minderheiten, sogenannte „Uiguren", gefangen gehalten werden. Laut der UN sind mindestens eine Millionen Menschen in Internierungslagern untergebracht worden und werden dort mit verschiedenen Methoden psychisch und physisch gefoltert. Die chinesische

Regierung spricht bei diesen Lagern jedoch von sogenannten „Bildungszentren", die dem Kampf gegen islamistische Radikalisierungen dienten.

Aber nun wieder zurück zu einem schöneren Thema: Google. Natürlich ist Google nicht nur die meist genutzte, sondern auch die umsatzstärkste Suchmaschine. Im Jahr 2020 belief sich der Jahresumsatz von Google auf knapp 182 Milliarden US-Dollar. Nun stellt man sich vielleicht die Frage, wie es Google schafft, mit einer Suchmaschine so viel Geld zu verdienen. Die Antwort ist ganz einfach: mit Google Ads, einem Werbesystem, dass es Unternehmen erlaubt, Anzeigen zu schalten. Das System hinter Google Ads ist sehr komplex, aber auch sehr interessant. Bereits zum Anfang meines Bachelorstudiums durfte ich eine akademische Arbeit über das System hinter Google Ads schreiben, bei dem ich mich intensiv mit Google Ads als Werbestrategie für Unternehmen auseinandergesetzt habe. Im

Folgenden versuche ich Google Ads jedoch möglichst einfach zu beschreiben, damit Sie es auch verstehen, wenn Sie noch nie davon gehört haben.

Sobald Sie einen Service von Google verwenden, sehen Sie Werbeanzeigen, die von Unternehmen geschalten werden. Auf der Videoplattform YouTube sind das beispielsweise „Videoanzeigen" oder „responsive Displayanzeigen". Videoanzeigen bieten dem Unternehmen die Möglichkeit, die Werbebotschaft in Form eines Videos zu vermitteln, welches vor, nach oder zwischen dem eigentlichen YouTube-Video geschalten wird. Responsive Displayanzeigen bestehen hingegen aus Bildern, Texten und Videos. Der Vorteil von responsiven Displayanzeigen ist, dass Google diese automatisch generiert, um Anzeigen zu optimieren.

Nehmen wir als Beispiel ein Unternehmen, das Schuhe verkauft. Nun möchte dieses Unternehmen auf YouTube responsive Displayanzeigen schalten, in denen der Schuh „Runner" beworben wird. Das Schuh-Unternehmen muss nun verschiedene Bilder und Videos der Schuhe und Texte, die den Schuh genauer beschreiben, bei Google Ads hochladen. Sobald das Unternehmen die Kampagne veröffentlicht, wird Google auf YouTube Displayanzeigen schalten, die je nach Platz größer oder kleiner ausfallen können. Sollte der Platz kleiner ausfallen, wird das Bild der Schuhe verkleinert eingeblendet und nur eine verkürzte Beschreibung des Produkts, sowie der Name „Runner" angezeigt. Bei einer größeren Werbefläche kann Google mehrere Bilder des Schuhs und eine erweiterte Beschreibung des Produkts anzeigen. Mit responsiven Displayanzeigen spart sich das Schuh-Unternehmen zudem Zeit, da der Verwaltungsaufwand der Werbeanzeigen aufgrund der automatischen Optimierung durch Google reduziert wird.

Auch auf dem Smartphone erhalten Sie Anzeigen, wenn Sie die Suchmaschine von Google verwenden. Ein Beispiel dafür sind App-Anzeigen, durch die ein Nutzer zum Download einer App geführt werden soll. Um den Kosten-Nutzen-Faktor für das Unternehmen zu verbessern, werden App-Anzeigen nur auf Geräten angezeigt, die Apps installieren können. Sollten Sie kein Smartphone besitzen und nur an einem Laptop arbeiten, werden Sie daher vermutlich noch keine App-Anzeige gesehen haben.

Die meisten Anzeigen werden jedoch auf der Google-Seite angezeigt. Meistens werden sogenannte „Produkt-Shopping-Anzeigen" oder Textanzeigen geschalten, durch die ein Unternehmen einem potenziellen Kunden eine Anzeige präsentieren kann, die zu seinem gesuchten Produkt passt. Gerne können Sie als Selbstversuch nach dem Begriff „Sneaker" suchen. Insofern Sie kein Werbeblocker-Programm verwenden, durch das Google-Anzeigen nicht dargestellt werden, sehen Sie nun zuerst eine Reihe von Schuhen von verschiedenen Marken. Das sind die bereits genannten Produkt-Shopping-Anzeigen. Darunter sehen Sie noch Textanzeigen, in denen einzelne Unternehmen, die Sneaker verkaufen, ihren Onlineshop bewerben. Erst unter den Produkt-Shopping-Anzeigen und Textanzeigen werden die ersten organischen Suchergebnisse angezeigt. Organische Suchergebnisse sind die Webseiten, die eine Suchmaschine nach dem Bereich der bezahlten Webseiten ausgibt.

Hinter dem Algorithmus, wie und wann eine Anzeige auf Google geschaltet wird, steckt jedoch noch mehr. Der wichtigste Bestandteil von Google Ads sind Keywords (Schlüsselwörter). Ein Unternehmen, das Werbung schalten möchte, kann diese Keywords vorab festlegen. Unser Schuhverkäufer würde beispielsweise die Keywords „Sneaker", „Schuh" und „Runner" auswählen, da diese das

Produkt am besten beschreiben. Sucht ein Nutzer nach den ausgewählten Begriffen, wird auch die Anzeige des Unternehmens geschaltet. Der Vorteil besteht darin, dass Anzeigen nur dann geschaltet werden, wenn sie zu der Suchanfrage passen. Kunden erhalten somit nur Werbeanzeigen, die zu ihren Bedürfnissen passen und Google generiert mehr Umsatz, indem Kunden öfter auf diese Werbeanzeigen klicken.

Google erhält nämlich kein Geld durch das Anzeigen einer Werbung, sondern nur durch den Klick auf diese Werbeanzeige. Ein Unternehmen muss erst eine Gebühr zahlen, wenn ein Nutzer auf diese Werbung klickt. Dieses System nennt man „Cost-per-Click", also „Kosten pro Klick". Ein Unternehmen zahlt aber nicht immer den gleichen Betrag pro Klick auf eine Werbeanzeige. Unternehmen in der Versicherungsbranche zahlen beispielsweise durchschnittlich drei Dollar, währenddessen ein

Unternehmen in der Elektronikbranche nur knapp 0,8 Dollar pro Klick zahlen muss. Grund dafür ist, dass Google die Anzeigen versteigert. Das System ist daher ähnlich wie das Auktionssystem von Ebay, das Sie sicherlich kennen.

Ein Werbetreibender kann für seine Anzeige ein Höchstgebot festlegen. Gibt es beispielsweise drei Bieter, von denen jeweils einer einen Euro, zwei Euro und drei Euro bietet, erhält derjenige die Anzeige, der die drei Euro geboten hat. Der Werbetreibende muss jedoch nicht drei Euro für den Klick eines Kunden zahlen, sondern nur zwei Euro, da die Differenz zwischen dem Erst- und Zweitplatzierten wegfällt.

Des Weiteren gibt es einen Qualitätsfaktor, der eine Anzeige auf einer Skala von 1 bis 10 bewertet. Ein hoher Qualitätsfaktor bedeutet, dass die Anzeige, die ein Unternehmen schaltet, relevanter und hilfreicher für den Nutzer ist, als die der anderen

Werbetreibenden. Durch den Qualitätsfaktor kann ein Werbetreibender herausfinden, ob die Anzeigen, Keywords oder Landingpages noch optimiert werden müssen. Die Landingpage ist die Seite, auf die ein Nutzer gelangt, sobald er auf eine Werbeanzeige klickt. Im Idealfall sollte die Landingpage die Seite sein, die direkt zu dem beworbenen Produkt führt. Wichtig ist, dass der Qualitätsfaktor keine Auswirkung auf die Anzeigenauktion hat, sondern nur als Diagnosetool dient, um Werbeanzeigen zu optimieren.

Das Geschäftsmodell von Google baut also darauf auf, dass so viele Suchanfragen wie möglich über die Google-Suchmaschine durchgeführt werden sollen. Sobald ein Kunde auf eine Werbeanzeige innerhalb eines Google Services klickt, erhält Google Einnahmen. Aus diesem Grund versucht Google, beispielsweise durch das Leisten von milliardenhohen Zahlungen an Apple, um weiterhin als

Standard-Suchmaschine in Safari, dem Webbrowser des Unternehmens Apple, eingestellt zu sein, die aufgebaute Marktmacht zu erhalten. Dadurch kann Google in der Zukunft weiterhin hohe Umsätze durch Werbeanzeigen erzielen.

Amazon: Die Vernichtung des Einzelhandels

Amazon ist der wohl größte Supermarkt der Welt. Der Grund, warum Amazon damit so erfolgreich ist, ist – wer hätte es anders erwartet – die Digitalisierung. Im Gegensatz zu herkömmlichen Supermärkten, muss der Kunde nämlich nicht erst lästig zum Supermarkt fahren, einen Parkplatz finden und dann alle Produkte eigenständig zusammensuchen. Bei Amazon kann man ganz entspannt, von Zuhause aus, nach Produkten suchen und online bezahlen. Daraufhin wird die Ware, meist bereits am nächsten Werktag, nach Hause geliefert.

Gegründet wurde Amazon von Jeff Bezos, einem der zwei reichsten Menschen der Welt.

Jahrelang galt Jeff Bezos als der reichste Mensch der Welt, bis ihn Elon Musk einholte. Ob das eine Person, dessen Vermögen auf knapp 200 Milliarden US-Dollar geschätzt wird, interessiert, ist natürlich eine andere Frage.

Während das Geschäftsmodell von Amazon zur Gründung des Unternehmens darin bestand, Bücher zu verkaufen, kann man bei Amazon heute Produkte aus hunderten Kategorien kaufen.

Amazon bietet aber nicht nur eigene Produkte an, auch Händler dürfen die Plattform von Amazon mitbenutzen. Die Händler müssen dafür allerdings Provisionen an Amazon bezahlen. Mehr als die Hälfte der Produkte, die man auf Amazon kaufen kann, gehören nicht Amazon selbst, sondern werden durch andere Händler vertrieben. Mehr als ein Drittel der Top-500-Onlinehändler in Deutschland verkaufen ihre Waren nicht nur über ihren eigenen Onlineshop, sondern auch über Amazon. Das liegt daran, dass viele Händler nahezu dazu gezwungen werden, den Marktplatz von Amazon zu verwenden, da sie sonst nicht genug Verkäufe erzielen, um die Kosten zu amortisieren, da viele Verbraucher nur Amazon nutzen, um online einzukaufen.

Dieses Problem erfahren nicht nur Selbstständige, die im Onlinebereich einen Shop besitzen, sondern auch der Einzelhandel. Viele Menschen kaufen lieber online ein, da sie so Zeit sparen können. Außerdem ist die Auswahl an Produkten in Onlineshops meist größer. Besonders im Corona-Jahr 2020 beschleunigte sich dieser Trend. Während Amazon jeden Tag (!) um 31 Millionen Euro wuchs, mussten Einzelhändler schließen, darunter auch 50 Kaufhof-Karstadt Filialen. Ein weiterer Grund, warum der Einzelhandel gegenüber Amazon keine Chance hat, ist die Preisentwicklung. Amazon kann die Preise vieler Produkte nahezu diktieren und musste im US-Kongress bereits zu den hauseigenen

Smartspeakern „Amazon Echo" aussagen, da diese manchmal zu Preisen angeboten werden würden, durch die Amazon sogar Verluste macht. Dadurch versucht Amazon, Mitbewerber aus dem Markt zu verdrängen, die nicht genug Kapital besitzen, um die gleiche Strategie zu nutzen.

Die Amazon Echo Geräte kann Amazon zu günstigen Preisen anbieten, da Amazon große Gewinne erzielt. Dadurch ist es Amazon möglich, immer weiter in neue Geschäftsfelder zu expandieren. Neben immer mehr neuen Diensten, wie beispielsweise Prime Video, Amazon Music, AmazonFresh und Amazon Dash, bietet Amazon unter dem Namen Amazon Web Services (AWS) auch Cloud-Computing Lösungen an. Cloud Computing bedeutet, dass Dienstleistungen, wie beispielsweise die Nutzung von Servern oder Datenspeichern, bereitgestellt werden. Dieser Service wird meist über das Internet bezogen. Im Jahr 2020 konnte Amazon mit

AWS rund ein Viertel des Umsatzes erzielen, den Amazon mit den Online-Stores erwirtschaften konnte. Zudem steigt die Bedeutung für AWS für Amazon immer weiter an. Zu den bekanntesten Kunden von Amazons Cloud-Service gehören Netflix und Dropbox.

Der chinesische Gegenspieler zu Amazon lautet AliExpress. AliExpress ist die Tochterfirma der Alibaba-Group, einem Unternehmen, zu dem noch weitere Tochterfirmen, darunter Alibaba.com, Alipay und Alibaba Cloud gehören. AliExpress ist eine sogenannte B2C-Handelsplattform. B2C steht für „Business to Consumer" und bedeutet, dass ein Unternehmen mit einem Kunden handelt. Alibaba.com ist eine B2B-Handelsplattform, auf der Unternehmen miteinander handeln können. Die B2C-Plattform AliExpress bietet kleinen chinesischen Unternehmen die Möglichkeit, international Produkte zu verkaufen. Der Grund, warum die

Alibaba-Group auch in europäischen Ländern erfolgreich ist, ist der, dass die Preise für viele Produkte deutlich unter den europäischen Durchschnittspreisen liegen.

Das größte Problem der Alibaba-Group ist jedoch schon lange nicht mehr die Konkurrenz aus den USA, sondern viel mehr die Staatsführung des eigenen Landes. Der Kommunistischen Partei KP sind die chinesischen Techfirmen zu schnell gewachsen, weshalb die chinesische Regierung Mitte 2021 viele Unternehmen, darunter Alibaba, immer weiter regulierte.

Zum Schluss des Kapitels möchte ich Ihnen noch einen kleinen Funfact näherbringen, damit Sie jemanden mit etwas Nerdwissen beindrucken können. Der Singles-Day, der immer am 11.11. eines Jahres stattfindet, fand den Einzug in den Online-handel durch Alibaba. Gewählt wurde die Zahl 1111, da die Zahl 1 einen Single symbolisiert. An diesem Tag organisieren junge Singles Partys, um neue Bekanntschaften zu machen und sich ineinander zu verlieben. Aber was hat Alibaba nun damit zu tun? Alibaba nutzte die positiven Assoziationen des Singles-Days und bewarb diesen Tag als Shopping-Event – mit Erfolg – denn am 11.11.2020 wurden bei Alibaba in der Spitze knapp 583.000 Bestellungen pro Sekunde verzeichnet, ein neuer Rekord!

Facebook (Meta) vs. Tencent: Das Duell der „Sozialen"

Die letzten beiden Wettbewerber, die wir uns in diesem Kapitel genauer anschauen werden, sind die Unternehmen Meta und Tencent. Meta ist ein US-Unternehmen, das bis Ende 2021 noch Facebook hieß. Zu Meta gehört das soziale Netzwerk Facebook, aber auch WhatsApp und Instagram. Zu dem Hauptprodukt, nämlich das soziale Netzwerk Facebook, kann ich Ihnen leider nicht viel beibringen, da ich es selbst noch nie benutzt habe. Wie 95

Prozent der Deutschen Internetnutzer, benutze aber auch ich den Service WhatsApp und Instagram.

Alle drei Plattformen, die Meta gegründet, beziehungsweise zugekauft hat, sind im Bereich Social Media tätig. Während man bei Facebook Videos, Fotos und Kommentare posten kann, mit denen andere Personen interagieren können, kann man bei WhatsApp mit Freunden und Bekannten per Textnachrichten, sowie Bild-, Video-, und Ton-Dateien in Kontakt bleiben. Die Plattform Instagram ist hingegen eine Art neumodisches Facebook, auf der man Fotos und Videos teilen kann.

Die drei Plattformen haben alle eine Gemeinsamkeit: Sie sind kostenfrei. Dafür wird, ähnlich wie bei dem Geschäftsmodell von Google, Werbung geschalten. Diese Werbung wird passgenau auf die Nutzer zugeschnitten. Je länger eine Person die Meta-Dienste benutzt, desto mehr Daten erhält Meta und umso mehr Geld kann Meta durch die passgenaue Werbung erhalten. Aus diesem Grund versucht Meta, die Algorithmen so zu programmieren, dass der Nutzer nur Beiträge vorgeschlagen bekommt, die ihn interessieren.

Kritisiert wird Meta dafür von der Whistleblowerin Frances Haugen, die in der Vergangenheit bei Meta gearbeitet hat. Sie wirft dem Social-Media-Riesen vor, dass Meta Gewinne über die Sicherheit der Menschen stelle und dass Meta zur Spaltung der Gesellschaft und zur Destabilisierung der Demokratie beitrage, indem Algorithmen eingesetzt werden, durch die schädliche Inhalte gefördert werden würden. Ist Meta also vielleicht doch kein Unternehmen, das „soziale" Netzwerke anbietet?

In China spielt Facebook keine Rolle, sondern vielmehr die Services des Internet-Unternehmens Tencent. Vor allem die App WeChat, die von Tencent erstellt wurde, wird von vielen Chinesen genutzt. WeChat ist eine Art WhatsApp. Im

Gegensatz zu WhatsApp besitzt WeChat mehr Funktionen als nur das Chatten mit Personen. WeChat wurde um weitere Funktionen, wie beispielsweise einem Mobile-Payment-System, ähnlich zu PayPal, erweitert. Während Unternehmen in der App WhatsApp noch keine große Rolle spielen, sind diese bei WeChat nicht mehr wegzudenken. Man kann mit der WeChat App unter anderem Taxis, Lebensmittel oder Essen bestellen, Rechnungen bezahlen und sogar nach offenen Arbeitsplätzen suchen. Die App besitzt sogar einen eigenen App-Store, durch den Erweiterungen hinzugefügt werden können. WeChat hat über 1,2 Milliarden aktive Nutzer pro Monat, eine echte Konkurrenz zu den zwei Milliarden monatlichen Nutzern von WhatsApp. Da chinesische Online-Services, darunter auch WeChat, meist nur von Chinesen, nicht aber von ausländischen Personen genutzt werden, stellt WeChat aber noch keine ernstzunehmende

Konkurrenz für das US-Unternehmen Meta dar. Erste Versuche, die App auch außerhalb von China bekannt zu machen, wurden 2013 jedoch erfolgreich durchgeführt. Der Fußballstar Lionel Messi und die taiwanische Sängerin Rainie Yang bewarben die App, wodurch (laut Unternehmensangaben) eine Reichweitensteigerung von knapp 100 Millionen WeChat-Nutzern außerhalb von China erzielt wurde. Vielleicht wird sich die chinesische App WeChat in der Zukunft – durch gezieltes Marketing – auch in Europa ausbreiten.

Die Zukunft des digitalen Wettrüstens

Ich hoffe, ich konnte Ihnen nun einen ersten Einblick davon geben, was hinter den größten Unternehmen der Welt steckt und wie das Machtgefälle zwischen den chinesischen und amerikanischen Unternehmen aussieht. Mit Chinas neuer digitaler Macht, die mit der chinesischen Regierung aufgebaut wurde, wurden die US-Unternehmen zum ersten Mal „angegriffen". Wichtig ist daher, hinter der unternehmerischen Seite auch die Weltpolitik miteinzubeziehen. Die Entwicklung, dass die Digitalisierung Chinas in eine neue Form der, durch Technologie unterstützten, Staatsführung führt, steht im totalen Gegensatz zu dem Verständnis des Westens. In der Zukunft wird es daher umso wichtiger sein, Zusammenarbeiten innerhalb der EU zu intensivieren. Wir dürfen uns nicht von chinesischen, aber auch nicht von amerikanischen Unternehmen abhängig machen, sondern müssen eigene Unternehmen aufbauen, die eine Konkurrenz zu den ausländischen Unternehmen darstellen. Um das zu erreichen, müssen Schlüsseltechnologien der Digitalisierung und Industrie 4.0 verstanden und die nötige Infrastruktur durch den Staat bereitgestellt werden.

Des Weiteren ist ein Wettbewerb innerhalb, aber auch außerhalb von Staaten, sehr wichtig.

Unternehmen müssen in dauerhafter Konkurrenz stehen, um einen Druck entstehen zu lassen, durch den die Unternehmen immer bessere Produkte und Dienstleistungen anbieten müssen. Dadurch profitieren nicht nur die Unternehmen, sondern auch wir als Verbraucher. Die Deutsche Bahn hat beispielsweise, bis auf FlixTrain, keine wirkliche Alternative, worunter sowohl der Service, als auch das Preis-Leistungsverhältnis leidet. Würde es mehr Konkurrenz im öffentlichen Nah- und Fernverkehr geben, müsste die Deutsche Bahn eine bessere Dienstleistung anbieten, um attraktiver als die konkurrierenden Unternehmen zu sein.

Ein Problem, über das sich Politiker und Kartellbehörden bereits seit Jahren den Kopf zerbrechen, ist die Marktmacht, die US-Unternehmen besitzen. Während die Kommunistische Partei in China mehrere Tech-Konzerne, die eine zu hohe Marktmacht besaßen, reguliert haben, gibt es in den

USA und Europa noch keine Regulierungen für Konzerne wie Apple und Amazon. Durch eine hohe Marktkapitalisierung und durch den Zugang zu günstigem Kapital, ist es US-Unternehmen möglich, in immer mehr Bereiche zu expandieren. Dadurch können Unternehmen entstehen, die „too big to fail" sind. Dieser Begriff bedeutet, dass die Marktmacht eines Unternehmens so groß geworden ist, dass das Unternehmen für eine Volkswirtschaft unverzichtbar ist und es nicht die Möglichkeit gibt, dass das Unternehmen innerhalb kurzer Zeit durch andere Marktteilnehmer übernommen werden kann.

Einzelne US-Abgeordnete forderten beispielsweise, dass Amazon dazu gezwungen werden muss, sein Handels- und sein Marktplatzgeschäft zu entkoppeln, um die monopolistische Stellung Amazons zu zerstören. Gezielte Maßnahmen wurden jedoch noch nicht ergriffen.

DIE
INNOVATIONSSCHMIE
DEN

Die Digitalisierung hat starke Auswirkungen auf unser privates Leben und auf die Tätigkeiten von Unternehmen. Durch die Digitalisierung konnten neue

Geschäftsmodelle entstehen, die neue Unternehmen schufen, aber auch viele bestehende Unternehmen zerstört haben. In einer Studie von Bitkom[1] empfanden jedoch 90 Prozent der über 500 befragten Unternehmen, dass die Digitalisierung eher eine Chance als ein Risiko sei. Ein wichtiger Begriff, den Sie sich in diesem Zusammenhang merken sollten, ist der „Digitale Darwinismus". Darwinismus leitet sich von dem Naturforscher Charles Darwin ab, der sagte, dass nicht diejenigen überleben, die am stärksten oder intelligentesten sind, sondern diejenigen, die sich am besten an einen Wandel anpassen können. Wendet man diesen Satz auf die Wirtschaft an, bedeutet es, dass nur die Unternehmen langfristig Rendite erwirtschaften werden, die sich an neue Umweltbedingungen anpassen können. Zu diesen neuen Umweltbedingungen zählt auch die Digitalisierung, durch die neue Unternehmen entstehen konnten, die herkömmliche Geschäftsmodelle herausfordern.

In manchen Fällen kommt es durch den Zwang, das Geschäftsmodell zu transformieren, um langfristig erfolgreich zu sein, zu Zusammenschlüssen mit anderen Unternehmen. Im Falle von „Paydirekt" kam es sogar zum Zusammenschluss von Konkurrenten. Mehrere Banken gründeten den Zahlungsdienstleister Paydirekt, den Sie heutzutage vermutlich unter dem Namen „Giropay" kennen. Paydirekt wurde gegründet, um einen Konkurrenten zu PayPal zu etablieren - bisher mit mäßigem Erfolg. Ende 2020 besaß PayPal fast 30 Millionen aktive Nutzer in Deutschland, Giropay nur rund vier Millionen.

Des Weiteren gibt es Unternehmen, die Opfer des Digitalen Darwinismus wurden und in manchen Fällen Insolvenz anmelden mussten. Darunter fallen vor allem Unternehmen im Bereich des

Verlagswesens und des Einzelhandels, die eine rein physische Distribution besitzen.

Um erfolgreiche Unternehmen zu gründen und bereits gegründete Unternehmen erfolgreich zu transformieren, benötigt es neben der richtigen Strategie vor allem Innovationen und Kapital. In diesem Kapitel werden verschiedene Standorte, sowohl international als auch in Deutschland, vorgestellt, in denen bereits mehrere Milliarden-Dollar-Unternehmen gegründet wurden.

Silicon Valley: Die Unternehmensfabrik der USA

Fangen wir an mit dem bekanntesten Standort für Unternehmensgründungen. Sicherlich haben Sie schon einmal vom Silicon Valley gehört. Das Silicon Valley ist einer der bedeutendsten Standorte der IT-Industrie weltweit und liegt im südlichen Teil der San Francisco Bay Area. Im Silicon Valley befinden sich tausende Technologieunternehmen, darunter auch Apple, Alphabet (Google), Intel, Tesla, Facebook und Microsoft. Nahezu jedes große Unternehmen besitzt einen Unternehmensstandort im Silicon Valley.

Das Silicon Valley besitzt eine Fläche von fast 4000 Quadratkilometern und ist damit mehr als vier Mal so groß wie Berlin. Das Wort Silicon bedeutet auf deutsch „Silizium" und ist zurückzuführen auf den Siliziumchip, der in Computern verbaut ist. Valley bezieht sich auf das Santa Clara Valley, einem Ort, der für seine vielen Obstgärten bekannt war. Umso passender, dass sich das Unternehmen Apple, das einen angebissenen Apfel als Logo hat, im Silicon Valley niedergelassen hat.

Der Grund, warum das Silicon Valley so ein Erfolg wurde, ist erstens die Nähe zur berühmten Standford University, durch die Absolventen direkt durch die großen IT-Unternehmen abgeworben werden konnten, sowie die damals noch günstigen

Landpreise. Dadurch war es vielen Unternehmen, auch mit einer geringeren Mitarbeiterzahl, möglich, sich niederzulassen. Des Weiteren vergrößert sich das Cluster von Unternehmen durch die Standortvorteile immer weiter. Die Standortvorteile werden durch die Unternehmen erschaffen, die sich bereits im Silicon Valley niedergelassen haben. Vorteile sind beispielsweise der Austausch von Know-how und Waren mit einer geringeren geografischen Entfernung.

Des Weiteren spielten zwei Personen eine entscheidende Rolle für die Entstehung des Silicon Valleys: Frederick Terman und William Shockley. Terman studierte an der Standford Universität und versuchte seinen Studenten nahezulegen, dass Sie in der Nähe der Universität ein eigenes Unternehmen gründen sollten. Terman förderte auch die Gründer der ersten Hightechfirma der Welt: Hewlett-

Packard (HP). HP stellt unter anderem Drucker und Personal Computer her.

Die zweite Person, William Shockley, erfand den Transistor, für den er auch den Nobelpreis erhielt. Ein Transistor ist ein elektronisches Halbleiterbauelement zum Steuern elektrischer Ströme. Solch ein Transistor befindet sich fast überall: in einem Smartphone, Computer und Ladegerät. Shockley bildete in seinem Labor mit dem Namen „Semiconductor Laboratories" zudem Personen aus, die später prägend für das Silicon Valley waren.

Vor allem durch die Erfindung des Transistors durch Shockley, aber auch durch weitere Innovationen wie die Entstehung des Internets und GPS, schritt die Entwicklung des Silicon Valleys immer weiter voran.

Fairerweise muss man sagen, dass nicht nur das Silicon Valley ein perfekter Ort ist, um ein erfolgreiches Startup zu entwickeln, sondern die ganze Küste von Kalifornien allgemein. In Los Angeles wurde beispielsweise das soziale Netzwerk Snapchat gegründet. Snapchat ist eine App, mit der man Fotos und Videos, die sich nach kurzer Zeit selbst löschen, an eine andere Person schicken kann. Außerdem wurde auch das Unternehmen Uber, ein Dienstleistungsunternehmen, das Personenbeförderungen zwischen den Kunden und Fahrern vermittelt, in San Francisco gegründet.

Zurück zum Silicon Valley. Der IT- und Hightech-Standort hatte besonders zur Zeit der internationalen Finanzkrise im Jahr 2008/2009 viele Probleme zu verzeichnen. Forschungsgelder wurden gekürzt und Firmengründer erhielten kein Geld mehr von Investoren. Die Pleiten, Verkäufe und Beinah-Crashs verschiedener Banken und Unternehmen, sowie das Scheitern eines großen Rettungspakets der US-Regierung führte zu einer Intensivierung des Problems, wodurch junge Startups im Silicon Valley keine finanziellen Unterstützungen zur Expansion ihres Geschäftsmodells erhielten.

Noch schlimmer traf es das Silicon Valley im Jahr 2000, als die „Dotcom-Blase" platzte. Der Begriff beschreibt den Effekt, dass eine Spekulationsblase, die vor allem Unternehmen der „New Economy" betraf, geplatzt ist. Zur New Economy gehören primär Unternehmen, die webbasierte Dienstleistungen anbieten. Die Dotcom-Blase betraf vor allem Kleinanleger in Industrieländern, die vorwiegend an der elektronischen US-Börse „NASDAQ" handelten. Selbst konnte ich diese Zeiten nicht miterleben, jedoch kenne ich mehrere Geschichten, in denen entweder eine Person ihr Geld in wenigen Stunden durch gezielte An- und Verkäufe verdoppelte, oder aber auch viel Geld verlor. Hohe Gewinnerwartungen waren der Auslöser für den Boom an den Aktienmärkten. Die hochbewerteten Unternehmen konnten diese hohen Gewinnerwartungen jedoch nicht erfüllen, wodurch viele Anleger ihre Aktien verkauften. Die Folgen waren ein Strohfeuereffekt, durch den immer mehr Anleger ihre Aktien verkauften, wodurch der Markt zusammenbrach.

Ein weiteres Problem, dass das Silicon Valley heute betrifft, sind die teuren Mietpreise. Obwohl die Mitarbeiter der größten Unternehmen im Silicon Valley ein sechsstelliges Jahresgehalt beziehen, reicht das Geld nicht aus, um damit die Miete bezahlen zu können. Viele Unternehmen bieten daher Wohnungen in der Nähe des Campus an, die vom Arbeitgeber bezuschusst werden. Des Weiteren bieten viele Unternehmen, die eine Niederlassung im Silicon Valley besitzen, die Möglichkeit an, im Home-Office zu arbeiten. Dieser Trend wurde durch die Corona-Krise verstärkt und hat den Vorteil, dass man keine Wohnung im teuren Silicon Valley mieten oder kaufen muss.

Die Vermögensunterschiede im Silicon Valley und San Francisco sind sogar so hoch, dass Personen, die ein Jahreseinkommen von unter 100.000 Dollar erhalten, als „Geringverdiener" gelten, obwohl das durchschnittliche Einkommen in der gesamten USA bei nur rund 65.000 US-Dollar liegt.

Startup Szene Berlin: Deutschlands Entrepreneure

Berlin ist nicht nur die deutsche Hauptstadt, sondern auch die Stadt mit den meisten Startup-Gründungen in ganz Deutschland. In Berlin werden jährlich 40.000 Gewerbe angemeldet und etwa 500 neue Tech-Startups gegründet. Die Startup-Szene wächst aufgrund der guten Infrastruktur im Bereich der Förderung und Finanzierung, sowie einem guten Internetausbau, der unabdingbar für Tech-Startups ist. Auto1, der größte Gebrauchtwagenhändler Europas, startete auch als Startup in Berlin. Anfang 2021 legte Auto1 den größten Börsengang

Deutschlands seit 2019 hin und erhielt eine Bewertung von rund 12 Milliarden Euro. Ein weiteres Unternehmen aus Berlin ist Grover. Bei Grover kann man technologische Geräte, wie beispielsweise Smartphones und Kameras, gegen eine monatliche Gebühr mieten, anstatt diese zu kaufen. Das Geschäftsmodell kommt bei Investoren so gut an, dass in ersten Finanzierungsrunden zweistellige Millionenbeträge bereitgestellt wurden. Des Weiteren startete Grover 2017 eine Kooperation mit Media Markt, wodurch man Produkte von Grover nun auch über den stationären Handel ausleihen konnte. Weitere Unternehmen, die in Berlin gegründet wurden, sind Soundcloud, Zalando und HelloFresh. Letzteres ist ein Unternehmen, das Kochboxen mit vorbereiteten Zutaten und Rezepten als Abonnement an Kunden verschickt.

Natürlich gibt es in Berlin noch viele weitere Unternehmen, besonders Fintech-Startups

(Fintech: Finanztechnologie). Auf diese einzugehen, wird den Rahmen des Buches jedoch sprengen.

Interessant ist auch, dass knapp 58 Prozent des, in ganz Deutschland investierten, Risikokapitals in Berliner Startups investiert wurde, wodurch insgesamt 80.000 Arbeitsplätze durch Startups geschaffen worden sind.

Um erfolgreiche Unternehmen aufzubauen, sind vor allem Mitarbeiter wichtig, die kreative Ideen haben und ein kleines Startup zu einem großen Unternehmen transformieren können. Als international aufgestelltes, schnell wachsendes Internetunternehmen, ist Berlin daher der perfekte Standort, da in Berlin aufgrund der vergleichsweise niedrigen Lebenserhaltungskosten, vor allem junge, hochqualifizierte Studienabsolventen aus aller Welt wohnen.

Um auch in der Zukunft gut gerüstet zu sein, gründete das Land Berlin gemeinsam mit Partnern der Startup-Wirtschaft 2015 die „Berliner Startup Unit". Das Ziel der Berliner Startup Unit ist es, Transparenz zu schaffen und Angebote, sowie Ansprechpartner zu vermitteln. Das liegt daran, dass es durch private Investoren und die IBB (Investitionsbank Berlin) so viele Förderprogramme gibt, dass Interessenten die ganzen Angebote kaum noch finden können. Die Berliner Startup Unit dient zudem als Berater für Startups und ist verpartnert mit weiteren Verbänden und Unternehmen, wie beispielsweise der IHK oder dem „Bundesverband Deutsche Startups".

Startup Nation Israel

Vielleicht wussten Sie es bisher noch nicht, aber die erfolgreichste Startup-Region der Welt liegt tatsächlich nicht in den USA, sondern in einem viel kleineren Land: Israel. Seit den 1990er Jahren gab es einen Gründerboom im High-Tech-Bereich, zu dem die israelische Regierung durch die Schaffung eines wirtschaftlichen Umfelds viel beitrug. Im Jahr 2018 investierte Israel beispielsweise fast 14 Milliarden Euro in Forschung und Entwicklung. Das sind knapp 4,3 Prozent des Bruttoinlandprodukts. Das Niveau der Pro-Kopf-Investitionen in Wagniskapital ist in Israel knapp drei Mal höher als in der USA und mehr als zehn Mal höher als in Deutschland. Des Weiteren unterstützte die israelische Regierung die Förderung von Startups durch drei Förderprogramme: Das TNUFA-Programm, das Incubator-Incentive-Programm und das Renewable Energy Technology Center. Das TNUFA-Programm fördert Jungunternehmen, die beweisen können, dass ihre Idee realisierbar ist, mit einem Zuschuss von bis zu 50.000 Euro. Das Incubator-Incentive-Programm fördert Startups mit einem Zuschuss bis zu knapp 700 Millionen Euro. Der Vorteil des Programms liegt darin, dass Gründer im Falle eines Scheiterns nicht auf Kosten sitzen bleiben müssen, wodurch risikoreiche Projekte finanzierbar sind. Im Falle eines erfolgreichen Startups, erhält der Staat drei Prozent der Gewinne des Startups. Das letztgenannte Förderprogramm unterstützt Projekte in den Bereichen Solarenergie, Windenergie oder Energieeffizienz mit einem Budget von bis zu 630.000 Euro.

Neben den hohen Investitionen und Programmen, sind drei weitere Punkte wichtig, durch die Israel zu einem der führenden Standorte für die digitale Industrie werden konnte: Bildung, Zuwanderung und die allgemeine Mentalität der Einwohner. Obwohl es in Israel und den Nachbarstaaten öfter zu schweren Auseinandersetzungen kommt, ist der Bildungsstand in Israel sehr hoch. Der Grund dafür sind die hohen Investitionen in den Bildungssektor. 2015 lagen die Bildungsausgaben bei 6,5 Prozent des Bruttoinlandprodukts, währenddessen der OECD-Durchschnitt nur bei knapp 5,2 Prozent lag. Die Zuwanderung war wichtig, da durch sie mehr als eine Millionen Menschen, darunter viele Ingenieure mit einem hohen Bildungsniveau, einwanderten. Des Weiteren ist die Mentalität der Israelis gegensätzlich zu unserer Mentalität. Während deutsche Menschen Angst davor haben, bei der Unternehmensgründung zu scheitern, haben Israelis keine Furcht vor Fehlern. Wenn man als Israeli scheitert, versucht man aus seinen Fehlern zu lernen und fängt direkt von vorne an, um das Projekt diesmal erfolgreich umzusetzen.

Die Kernfelder der israelischen Startup-Szene sind vor allem künstliche Intelligenz, Machine Learning, FinTech, Security und Software, beziehungsweise Clouds.

Israel hat viele Startups entwickelt und Erfindungen geschaffen, die auch Sie sicherlich kennen oder vielleicht sogar schon benutzt haben. Der USB-Stick ist ein Beispiel dafür. Im Jahr 2000 wurde dieser von Dov Moran, der die Firma M-Systems gründete, erfunden. Als er seinen Kollegen eine Präsentation vorführen wollte, funktionierte sein Laptop nicht, auf der die einzige Kopie der Präsentation war. Dies brachte ihn auf die Idee, ein Produkt zu entwickeln, auf dem man Dateien speichern konnte - und zack - da war er: der USB-Stick. Ende 2006 wurde seine Firma für 1,4 Milliarden Euro verkauft. Eine weitere Erfindung aus Israel war ICQ, ein Instant-Messaging-Dienst, der ähnlich wie WhatsApp funktionierte. Die erste ICQ-Software wurde durch vier israelische Studenten entwickelt und von dem israelischen Startup Mirabilis veröffentlicht. Weitere Erfindungen aus Israel waren der Intel Pentium M, ein Prozessor für Notebooks, sowie Waze, ein GPS-gestütztes Navigationssystem für das Smartphone. Waze wurde zudem für fast eine Milliarde Euro von Google übernommen.

Die größte Übernahme in der israelischen Industrie war jedoch Mobileye. Das Unternehmen entwickelt Fahrerassistenzsysteme, die Kollisionen vermeiden sollen. Kunden von Mobileye waren vor allem Audi und BWM, aber auch einzelne Modelle von Opel, Hyundai und Kia wurden mit den Systemen ausgestattet. Anfangs gab es auch Zusammenarbeiten mit dem US-Autohersteller Tesla. Nach einem tödlichen Unfall wurde die Zusammenarbeit aber beendet. Verkauft wurde Mobileye 2017 an Intel. Intel musste mehr als 13 Milliarden Euro für die Übernahme zahlen. In der Zukunft möchte Mobileye mit BMW zusammenarbeiten, um ein vollautonomes Fahrzeug zu entwickeln.

In Israel gibt es zudem einen Nachahmer des Silicon Valley, nämlich das sogenannte „Silicon Wadi". In diesem Gebiet gibt es, ähnlich wie im originalen Silicon Valley, eine hohe Konzentration von Technologieunternehmen.

Neben vielen Innovationen, die unser Leben bereichern und uns als Gesellschaft weiter voranbringen, gibt es jedoch auch israelische Unternehmen, die kritisiert werden. Eines davon ist das Unternehmen NSO Group, der Hersteller der Spyware Pegasus, die es Staaten ermöglich, iOS- und Android-Geräte auszuspähen. Durch die Software der NSO Group wurden in der Vergangenheit unter anderem Journalisten, Menschenrechtler und Politiker ausgespäht. Ende 2021 wurde zudem öffentlich, dass auch der deutsche Auslandsgeheimdienst Bundesnachrichtendienst eine Pegasus Lizenz besitzt. In welchen Bereichen der Bundesnachrichtendienst die Spyware Pegasus einsetzt, ist allerdings nicht bekannt.

Ich finde es persönlich sehr spannend, wie es ein Land, das sich seit vielen Jahrzehnten in einem dauerhaften politischen Konflikt befindet, durch staatliche Unterstützung geschafft hat, eine Startup-Kultur herzustellen, die es nirgendwo sonst in einem vergleichbaren Ausmaß gibt. Ich denke, dass andere

Länder, auch Deutschland, das Modell von Israel übernehmen sollten, um Gründern weltweit die Möglichkeiten zu bieten, ihr Startup aufzubauen. Deutschland muss mehr und effizienter Geld in Forschung und Innovation investieren und Förderprogramme ins Leben rufen, die ähnlich wie das Incubator-Incentive-Programm funktionieren. Risikoreiche Startups sollten von dem Staat unterstützt werden, da Unternehmen mit einem hohen Risiko meist die Unternehmen sind, die das größte Potential besitzen. Außerdem muss sich die Mentalität in Deutschland wandeln. Scheitern sollte nicht zwangsläufig negativ aufgenommen werden, sondern vielmehr als Chance, es beim nächsten Mal besser zu machen.

DIE DIGITALISIERUNG VERSTEHEN

Exponentielles Wachstum und wie es unser Leben beeinflusst

In diesem Kapitel gibt es eine kleine Wiederholung von Inhalten, die sie vielleicht schon einmal im Matheunterricht beigebracht bekommen haben. Genauer gesagt geht es um die verschiedenen Arten des Wachstums. Einerseits gibt es das lineare Wachstum. Beim linearen Wachstum ist die Steigung immer gleich. Die Änderung eines Wertes ist bei einer gleichen zeitlichen Änderung konstant. Beim exponentiellen Wachstum ist die Steigung nach jedem Zeitpunkt etwas größer. In gleichen Zeitabschnitten vervielfacht sich der Wert einer Größe.

Ein reales Beispiel für ein exponentielles Wachstum sind die, mit Covid-19 infizierten, Menschen. Die Reproduktionszahl R gibt an, wie viele Menschen ein mit Covid-19-Infizierter im Durchschnitt ansteckt. Liegt dieser Wert über eins, kann man von exponentiellem Wachstum reden. Um das Beispiel zu vereinfachen, gehen wir von einem R-Wert von 2 aus. Ein R-Wert von 2 bedeutet, dass ein Covid-19-Infizierter im Durchschnitt zwei weitere Personen ansteckt. Am Anfang gibt es einen Infizierten, der zwei weitere ansteckt, wodurch insgesamt drei Personen infiziert wurden. Die zwei neuinfizierten Personen stecken erneut jeweils zwei weitere Personen an, wodurch es nicht 3, sondern 7 Infizierte gibt. Wie sie sehen, wird der Abstand zwischen den Zahlen immer größer. Am Anfang lag die Differenz bei zwei Personen, beim nächsten Schritt bereits bei vier Personen. In gleichen Zeitabständen erhöht sich die Menge der Neuinfizierten immer weiter: Genau das ist exponentielles Wachstum.

Aber warum erkläre ich Ihnen diese langweiligen mathematischen Begriffe in einem Buch, in dem es eigentlich um die Digitalisierung und verschiedene Innovationen gehen soll? Ganz einfach: da technologischer Fortschritt exponentiell ist.

Mir ist bewusst, dass Menschen exponentielles Wachstum nicht erkennen können, da wir von Natur aus linear denken und exponentielles Wachstum nicht gewohnt sind. Aus diesem Grund habe ich den Begriff auch am Beispiel einer Krise erklärt, die uns alle betroffen hat. Jedoch ist exponentielles Wachstum eines der bedeutendsten Merkmale der Digitalisierung, weshalb wir uns diese Entwicklung genauer anschauen sollten.

Ein Beispiel für exponentielles Wachstum ist das Mooresche Gesetz, dass ich Ihnen am Anfang des Buches erklärt habe. Für die Digitalisierung ist das Mooresche Gesetz sehr bedeutend, da rasante Entwicklungen im Bereich von Chips notwendig sind, um neue Produkte anzubieten, die ihren Vorgängen klar überlegen sind.

Unternehmen, die die Auswirkungen des exponentiellen Wachstums nicht verstehen oder dieser Entwicklung nicht genügend Zeit widmen, sind meist auf der Seite der Verlierer. Die Eastman Kodak Company wurde beispielsweise gegründet, um fotografische Ausrüstung herzustellen. Leider hat Kodak erst zu spät gemerkt, dass Analogfilme aufgrund des exponentiellen Wachstums in der

Industrie nicht mehr benötigt wurden, wodurch Kodak Umsatzeinbrüche verzeichnete und weltweit Personal abbauen musste. Kodak musste mehrere Geschäftsbereiche verkaufen und die Unternehmensstrategie mehrmals neu ausrichten. Trotz aller Mühen und der früheren Erfolge im Bereich der fotografischen Ausrüstung, musste Kodak Anfang 2012 einen Insolvenzantrag stellen. Seit Ende 2013 versuchte Kodak, jedoch unter einem neuen Namen, nämlich Kodak Alaris, einen Neuanfang. Kodak Alaris hat sich vor allem auf professionelle Druckmaschinen spezialisiert, Fotografie spielt in dem Unternehmen keine Rolle mehr. Was lernen wir daraus? Man darf als Unternehmen nicht auf einem Fleck stehen bleiben und muss die Marktentwicklungen und die neuen Innovationen analysieren, um potenzielle neue Geschäftsfelder zu erschließen.

Nahezu jede Technologie hat heutzutage Einflüsse aus der Digitalisierung. Da die Digitalisierung exponentiell wächst, hat auch fast jede aktuelle Technik das Potenzial, exponentiell zu wachsen. Dazu gehören nicht nur Chips, sondern auch spannende Gebiete, wie die künstliche Intelligenz (KI) oder Machine Learning. Eine große Anzahl von Forschern aus dem Silicon Valley sind sogar der Meinung, dass wir durch den technischen Fortschritt, vorangetrieben durch exponentielles Wachstum, in einer Art Schlaraffenland leben werden, in dem wir Produkte im Überfluss haben.

Vielleicht sind exponentielle Technologien auch die Lösung, um den globalen Klimawandel in Griff zu bekommen. Schon heute gibt es viele Lösungen, um den CO_2-Ausstoß zu mindern oder CO_2, das bereits ausgestoßen wurde, aus der Atmosphäre zu entfernen. Dennoch muss diese Lösung noch weiterentwickelt werden, um eine effektive

Nutzung bereitstellen zu können. Das wird noch einige Jahre dauern. Vielleicht sind wir aber auch nur noch nicht bereit dazu, die Entwicklungen in diesem Bereich abschätzen zu können, da exponentielles Denken nicht im Einklang mit unserem linearen Verstand steht.

Fake News: Das Problem der sozialen Medien

Bevor wir uns mit den wichtigsten Innovationen der Digitalisierung beschäftigen, möchte ich noch zwei weitere Themen ansprechen. Fangen wir an mit einer Problematik, die durch die Digitalisierung geschaffen wurde: die Verbreitung von „Fake-News" im Internet. Fake-News sind Falschmeldungen, über meist aktuelle Ereignisse, die im Internet verbreitet werden. Durch eine riesige Informationsflut ist es schwierig, diese Falschmeldungen von Informationen, die von seriösen Quellen stammen, zu unterscheiden. In mehreren Studien mit Teilnehmern aus verschiedenen Altersgruppen und

Ländern, wurde herausgefunden, dass ein Großteil aller Menschen Fake-News nicht als solche erkennen.

Eine größere Bühne bekam das Thema Fake-News zur US-Präsidentschaftswahl im Jahr 2015/2016, als gezielte Desinformationskampagnen auf Facebook genutzt wurden, um die Wahlberechtigten in den USA in ihrer Wahlentscheidung zu beeinflussen. Im Darknet, das ich im nächsten Kapitel erklären werde, kann jede Person Fake-News-Kampagnen bestellen, um die öffentliche Meinung zu beeinflussen. Um die Verbreitung von Fake-News zu beschleunigen, wird auch auf Social Bots gesetzt. Social Bots sind Computerprogramme, die eingesetzt werden, um beispielsweise Tweets, das sind kurze Nachrichten, auf Twitter zu erstellen. Während des US-Präsidentschaftswahlkampfes wurden rund 20 Prozent der Tweets durch Social Bots veröffentlicht, dennoch sei die Verbreitung von Fake-

News laut Experten nicht wahlentscheidend gewesen.

Aber warum verbreiten sich Fake-News überhaupt so schnell? Das liegt daran, dass jede Person, selbst mit einem anonymen Profil, Nachrichten auf sozialen Netzwerken verbreiten kann. Da es in der digitalen Welt kaum Kosten für die Verbreitung von Nachrichten gibt, ist es durch Social Bots möglich, viele Nachrichten auf einmal zu veröffentlichen. Der Großteil dieser Falschmeldungen geht meist in der hohen Informationsdichte der sozialen Netzwerke verloren, einige Falschmeldungen erreichen allerdings eine hohe Anzahl von Personen. Problematisch wird es, wenn die Fake News nicht als solche erkannt werden. Viele Personen interagieren dann mit der Falschmeldung und teilen sie mit anderen Personen, wodurch die Falschmeldung eine immer größere Reichweite erhält.

Wissenschaftler kamen zudem zu der Erkenntnis, dass sich Falschmeldungen auf Twitter schneller verbreiten als Informationen, die wahr sind. Das ist vor allem auf Nutzer zurückzuführen, die Nachrichten nicht auf ihre Richtigkeit überprüfen.

Deshalb ist es umso wichtiger, Quellen kritisch zu überprüfen. Meist reicht schon ein Blick auf den Ersteller des Inhalts. Inhalte, die auf einer Webseite mit einem fehlenden Impressum veröffentlicht werden, sollten besonders kritisch hinterfragt werden. Des Weiteren sollte man im Idealfall mehrere Nachrichtenportale und Quellen verwenden, um die Wahrscheinlichkeit, dass es sich bei einer Nachricht nicht um Fake-News handelt, zu erhöhen.

Der Exkurs in die Schattenseiten der sozialen Netzwerke sollte Ihnen zeigen, dass die Digitalisierung nicht immer positiven Entwicklungen ausgesetzt ist. Manchmal können Innovationen, die auf die Digitalisierung zurückzuführen sind, auch einen großen Schaden anrichten. Facebook und Twitter versuchen nun, Fake-News in sozialen Netzwerken zu verhindern, indem diese durch automatisierte Systeme erkannt werden. Bei Twitter gibt es beispielsweise seit einiger Zeit die Möglichkeit, dass eine Falschmeldung als solche gekennzeichnet wird, wenn eine hohe Anzahl von Nutzern einen Tweet melden. Auch staatliche Regulierungen wurden öfters diskutiert. Solche Regulierungen müssen jedoch genau abgewogen werden, um die Meinungsfreiheit nicht einzuschränken, gleichzeitig aber Falschmeldungen zu verhindern und Nutzer zu schützen.

Darknet: Die Schattenseiten des Internets

Harte Drogen, illegale Bilder und Auftragskiller: Im Darknet gibt es Inhalte, die man meist nur aus Filmen und Serien kennt. Über 60 Prozent aller Inhalte im Dark Net sind illegal. Mehr als eine Millionen Nutzer surfen täglich im Darknet. Die meisten Nutzer stammen aus den USA, Russland und

Deutschland. Aber was genau ist das Dark Net überhaupt?

Wichtig ist erst einmal die Unterscheidung zwischen dem Darknet und dem Deep Web. Obwohl diese Begriffe häufig synonym verwendet werden, gibt es einen wichtigen Unterschied. Das Dark Net ist nämlich nur ein kleiner Teil des viel größeren Deep Webs. Das Deep Web bezeichnet den Teil des World Wide Webs, der durch eine Suchmaschine, wie Google oder Bing, nicht auffindbar ist. Bildlich kann man die Begriffe durch einen großen Eisberg erklären. Auf der Spitze des Eisbergs ist das sichtbare Internet, das meist als Clear Net bezeichnet wird. Zum Clear Net gehören alle Webseiten, die durch Suchmaschinen, wie Google, auffindbar sind. Google weiß nämlich doch nicht alles. Auf Google sieht man nämlich nur einen Bruchteil dessen, was sich im Internet wirklich abspielt. Den restlichen Eisberg verbildlicht nämlich das Deep Web. Das sind Webseiten, die nicht mit der Suchmaschine von Google auffindbar sind. Wie groß das Deep Web im Vergleich zum Clear Net ist, kann nur schwer beantwortet werden. Schätzungen gehen davon aus, dass das Deep Web rund 500-mal größer als das sichtbare Clear Net ist.

Zurück zum Eisberg: Das Dark Net macht wie bereits erwähnt nur einen kleinen Teil des Deep Webs aus, ist also nur ein kleines Stück des unteren Eisbergs. Das Darknet ist ein sogenanntes „Peer-to-Peer-Overlay-Netzwerk", dessen Teilnehmer ihre Verbindungen untereinander herstellen. Ein Overlay-Netz ist ein Netzwerk, das unabhängig auf einem anderen Netz aufgesetzt läuft. Peer-to-Peer bedeutet, dass Rechner in einem Netzwerk mit anderen Rechnern verbunden sind und dort gleichberechtigt miteinander kommunizieren. Es gibt im Gegensatz zu Google also keinen zentralen Server, auf dem Daten gespeichert werden. Dadurch ist es einfacher, allerdings immer noch genauso illegal, urheberrechtlich geschützte Daten auszutauschen.

Um Seiten des Dark Nets betreten zu können ist eine bestimmte Software nötig. Im Idealfall sollte noch ein Virtual Private Network (VPN), durch den eine sichere Verbindung zum Darknet möglich ist, sowie ein Virenschutzprogramm, installiert sein.

Entstanden ist das Darknet, da Teilnehmer von weltweiten Tauschbörsen juristisch verfolgt wurden. In den Tauschbörsen wurden verschiedene MP3-Dateien, Bilder und Videos ausgetauscht, die aufgrund des Urheberrechts nicht verbreitet werden dürfen. Um den Tausch der Dateien weiterhin fortzusetzen, wurde das Darknet verwendet.

Als Zahlungsmittel wird im Darknet übrigens nicht per Kreditkarte oder PayPal gezahlt, sondern mit sogenannter „Kryptowährung". Die bekannteste Kryptowährung ist Bitcoin. Das Thema

Kryptowährung wird in einem späteren Kapitel des Buches erneut aufgegriffen.

Jetzt fragen Sie sich vielleicht, ob nur Kriminelle das Deep Web verwenden. Natürlich benutzen viele Personen das Deep Web, um dort Waren und Services anzubieten oder zu kaufen, die illegal sind und im schlimmsten Fall zu Haftstrafen führen können. Jedoch gibt es auch viele Menschen, die das Deep Web verwenden, um sich selbst zu schützen. Die Kommunikation über das Deep Web ist sehr sicher, wodurch sensible Daten ausgetauscht werden können. Dadurch ist es politisch Unterdrückten, Journalisten und Whistleblowern aus diktaturgeführten Ländern möglich, Informationen zu verbreiten, für die sie normalerweise Strafen bis hin zur Hinrichtung erhalten würden. Zudem können Menschen, die in einem Land leben, in denen Inhalte im Internet zensiert werden, das Deep Web verwenden, um auf diese Inhalte zuzugreifen, um unabhängige Informationen aus dem Ausland zu erhalten.

Die zuerst genannte Gruppe, nämlich die Personen, die illegale Waren und Dienstleistungen handeln, ist den internationalen Strafverfolgungsbehörden ein Dorn im Auge. Das liegt daran, dass es im Darknet aufgrund der höheren Anonymität schwieriger ist, Straftaten aufzuklären. Dennoch gelang es den Strafverfolgungsbehörden in der Vergangenheit, kleinere Märkte, aber auch große Märkte, wie beispielsweise AlphaBay und Hansa, zu schließen und IP-Adressen und Nachrichten sicherzustellen. Auf den beiden geschlossenen Webseiten wurden vor allem illegale Drogen und Waffen verkauft.

Daher zum Abschluss ein gut gemeinter Ratschlag: Fangen Sie lieber nicht damit an, im Darknet illegale Waren zu verkaufen.

Wer das Darknet nur zum Surfen verwendet macht sich aber nicht strafbar. Besucht man jedoch

Seiten, die illegale Inhalte anbieten, kann es passieren, dass die Vorschaubilder der Webseite kurzfristig auf dem Computer gespeichert werden. Findet eine Strafverfolgungsbehörde diese gespeicherten Vorschaubilder vor, kann es zu einer Anzeige kommen. Beim Surfen im Dark Net ist daher eine gewisse Aufmerksamkeit erforderlich, auch wegen des erhöhten Risikos, Opfer von Schadsoftware-Angriffen zu werden.

Big Data: Daten als digitales Gold

In den letzten Jahrzehnten stieg die Masse an verfügbaren Daten immer weiter an. Nützlich sind diese Datenmassen vor allem für Unternehmen, da diese Rückschlüsse auf Kundenanforderungen zulassen.

Daten können in strukturierter oder unstrukturierter Form vorliegen. Strukturierte Daten sind in einer gewissen Art und Weise angeordnet und miteinander verknüpft. Diese Kategorie von Daten findet man beispielsweise in gepflegten Datenbanken vor. Unstrukturierte Daten haben keine formalisierte Struktur und sind von daher nur schwer zu entschlüsseln. Unter diese Kategorie fallen beispielsweise Tonaufnahmen von Menschen oder Videos. Der Vorteil von strukturierten gegenüber unstrukturierten Daten ist zudem, dass diese effizienter verwaltet werden können.

Big Data ist eine riesige Anzahl von einzelnen Datenpunkten. Im Gegensatz zu einem einzelnen Datenpunkt ist es bei Big Data unmöglich, diese ohne Hilfsprogramme zu interpretieren. Die Datenmengen sind zu groß, komplex oder schwach strukturiert, wodurch herkömmliche Methoden zur Auswertung nicht mehr ausreichen.

Das Wort „Big" bezieht sich auf vier Dimensionen: volume, velocity, variety und veracity. Die erste Dimension, „volume", beschreibt den großen Umfang der Datenmengen, mit denen gearbeitet werden muss. Laut Prognosen der International Data Corporation (IDC), einem Marktforschungs- und Beratungsunternehmen, das vor allem in der Informationstechnologie und Telekommunikation tätig ist, wird die produzierte Datenmenge im Jahr 2025 bereits 163 Zettabytes betragen.[2] Falls Ihnen der Begriff Zettabyte nicht bekannt ist, rechne ich Ihnen die Datenmenge gerne noch in eine bekanntere Größe, nämlich Gigabyte um. 163 Zettabytes sind 163.000.000.000.000 (!) Gigabytes, eine unvorstellbar große Menge an Daten.

Die zweite Dimension, „velocity", beschreibt die Geschwindigkeit, mit der Datenmengen produziert und ausgetauscht werden müssen. In den meisten Unternehmen ist es notwendig, große Datenmengen und Kennzahlen in Echtzeit analysieren zu können. Eines der bekanntesten Produkte, durch die das möglich ist, ist SAP S/4HANA. Das Produkt ist eine ERP-Softwarelösung des Unternehmens SAP.

ERP ist die Abkürzung für „Enterprise Resource Planning" und beschreibt eine Softwarelösung, durch die alle wichtigen Prozesse eines Unternehmens abgedeckt werden können.

„Variety" ist die dritte Dimension und beschreibt die Vielfalt der bereits genannten Dateistrukturen, nämlich strukturierte, semi-strukturierte und unstrukturierte Daten. Semi-strukturierte Daten sind eine Mischung der strukturierten und unstrukturierten Daten. Sie sind nicht streng typisiert, besitzen aber dennoch eine gewisse Struktur.

Die letzte Dimension ist „veracity". Veracity beschäftigt sich mit der Qualität der vorhandenen Daten. Die Herkunft der Daten ist wichtig, um die Vertrauenswürdigkeit der Quelle zu definieren. Eine Faustregel ist, dass externe Daten weniger vertrauenswürdig sind, als interne Daten, da man diese selbst erhoben hat. Auch der Inhalt der Daten ist wichtig, um die Datenqualität beurteilen zu können.

Benutzt man Daten, die eine schlechte Qualität besitzen, kann man selbst mit einer aufwendigen Datenverarbeitung keine guten Ergebnisse erhalten.

Manchmal werden die vier Dimensionen durch die Dimension „value" erweitert. Value beschreibt den Wert der erfassten Daten, denn nur Daten, die dem Unternehmen Vorteile bringen, sind von Wert.

Dennoch stehen beim Thema Big Data nicht nur die digitalen Datenmengen, sondern auch der Einfluss auf die Sammlung, Analyse und Vermarktung der digitalen Daten im Fokus. Unternehmen können durch Analytics-Methoden versteckte Muster in Datensätzen erkennen, die früher nie hätten entschlüsselt werden können. Je nach Unternehmen können durch Big Data Wettbewerbsvorteile genutzt werden, um ein personalisiertes Marketing durchzuführen, das zu einer Umsatzsteigerung führt.

Durch Big Data ist eine völlig neue Ära der digitalen Kommunikation entstanden, durch die sich auch die Gesellschaft wandeln wird. Big Data ist zudem ein wichtiges Werkzeug, um den Nutzen von Innovationen der Digitalisierung zu erhöhen. Big Data könnte dabei helfen, Antworten auf wichtige Menschheitsfragen, wie beispielsweise die Energiewende, zu erhalten. In Deutschland steht jedoch meist nicht der Nutzen von Big Data im Vordergrund, sondern nur die Risiken, die das Sammeln von Daten mit sich bringen kann. Natürlich ist es wichtig, dass Daten anonymisiert und sicher gespeichert werden, um nicht in die falschen Hände zu kommen. Dafür sollte der Staat Gesetze entwickeln, die eine Nutzung von Daten, in einem gewissen Rahmen, reguliert. Die Datenschutz-Grundverordnung (DSGVO), die das Grundrecht auf Datenschutz schützen sollte, war ein erster Versuch, die Speicherung von Daten zu regulieren. Jedoch gab es auch viele Personen und Medien, die die DSGVO kritisierten, da sie zu zeitintensiv, teuer und mühsam ist. Außerdem ist die Sammlung von Daten wichtig, um den technischen Fortschritt aufrecht zu erhalten.

Selbst wenn Unternehmen in der EU das Sammeln von personenbezogenen Daten komplett stoppen würden, würde es durch Staaten wie China weiterhin zur Sammlung von Daten kommen. Durch die Sammlung von Daten können die Produkte und Dienstleistungen aus China immer weiterentwickelt werden, währenddessen Unternehmen innerhalb der EU, aufgrund fehlender Datensätze, nicht mehr mithalten können. Letztendlich würde es darauf hinauslaufen, dass wir uns von chinesischen Unternehmen abhängig machen, da die Produkte der chinesischen Unternehmen sehr viel mehr Vorteile für uns hätten, als die Produkte deutscher Unternehmen. Durch diese Entwicklung wäre es sogar möglich, dass wir langfristig weniger Datenschutz besitzen würden, da Unternehmen aus China mehr Daten sammeln, als Unternehmen innerhalb der EU.

DIE DIGITALE
REVOLUTION UND
IHRE ERFINDUNGEN

A b hier beginnt der noch spannendere Teil des Buches. In den nächsten Kapiteln werde ich Ihnen die wichtigsten Erfindungen des digitalen Zeitalters erklären. Die meisten Erfindungen, die ich ansprechen werde, sind noch am Anfang ihres Lebenszyklus, dennoch werde ich einige Unternehmensbeispiele benutzen, um erste praktische Anwendungen der Erfindungen zu illustrieren. Und wer weiß: Vielleicht werden für uns manche der Erfindungen bald schon so alltäglich sein, wie es das Nutzen eines Smartphones oder das Schreiben einer E-Mail, statt eines Briefs, bereits ist.

Virtual Reality und Augmented Reality

Virtual Reality (VR) ist eine computergenerierte Wirklichkeit mit Bild und manchmal mit Ton. Meist wird sie über eine sogenannte VR-Brille übertragen. Zu den bekanntesten VR-Brillen gehört die Oculus Rift und die HTC Vive. Das Unternehmen hinter der Oculus Rift wurde im Jahr 2014 für rund zwei Milliarden US-Dollar an Facebook verkauft. Bisher veröffentlichte Oculus mehrere Prototypen, zwei Developer Kits, sowie eine

Konsumentenversion. Mit den bisherigen VR-Brillen ist es nur möglich, im Internet zu surfen oder Computerspiele zu spielen. Aufgrund einer, noch nicht fortgeschrittenen, Entwicklung der VR-Brillen, ist die Bildauflösung gering und es kommt häufig zu einer spürbaren Latenz, also einer Verzögerungszeit.

Der große Unterschied zwischen dem herkömmlichen Gaming an einem Monitor und dem Gaming mit einer VR-Brille ist die Immersion. Der Begriff Immersion bedeutet, dass man das Gefühl hat, in eine virtuelle Welt einzutauchen, obwohl man eigentlich nur eine VR-Brille benutzt. Situationen, die innerhalb des Spielgeschehens passieren, wirken sehr realistisch.

Um den 3D-Effekt einer VR-Brille zu unterstützen, enthält eine VR-Brille meist zwei Displays, eines pro Auge. Das Bild, das jedes Auge gezeigt bekommt, unterscheidet sich leicht von dem anderen, um den Eindruck räumlicher Tiefen zu verstärken.

Unterhaltung ist, vor allem in der Zukunft, nur ein kleiner Anteil von Virtual Reality. Die Vorteile, die VR bietet, können vor allem in Unternehmen, Bildung, aber auch in noch wichtigeren Bereichen, nämlich der Forschung genutzt werden. In Schulen könnte man VR-Brillen beispielsweise nutzen, um neue Inhalte zu lernen, da VR-Umgebungen die Lernaktivitäten fördern können. In Unternehmen gibt es noch mehr Möglichkeiten, die Vorteile von Virtual Reality zu nutzen. Man könnte VR beispielsweise benutzen, um Personen, bei der Benutzung einer neuen Maschine, zu trainieren. Zudem gibt es in vielen Unternehmen den Trend zum Home-Office, der dadurch erleichtert werden könnte, dass sich Mitarbeiter über VR-Plattformen treffen. Ein weiteres Einsatzfeld ist der Onlinehandel. Um die

Retourenquote zu senken und nachhaltiger zu leben, könnten Kunden die Produkte von Unternehmen im Vorhinein über VR ausprobieren. Sollte einem das Produkt nicht gefallen, muss man es nicht umständlich zurückschicken, sondern einfach nur die VR-Brille abziehen. VR kann auch für die Produktentwicklung eingesetzt werden. Ein Vorreiter auf diesem Feld sind die Automobilunternehmen VW und Mercedes. Unter dem Namen „Virtual Reality Center" führt Mercedes-Benz seit mehr als 20 Jahren Tests mit VR-Systemen durch, um Produkte über die virtuelle Realität zu entwickeln. Der Vorteil liegt darin, dass Produkte visualisiert werden können, ohne physische Materialien nutzen zu müssen, wodurch es möglich ist, ein Produkt aus Kundensicht zu erleben. In der Zukunft können dadurch Kosten und Zeit gespart werden. Die gesparten Kosten können dann in die Erforschung von neuen Technologien investiert werden.

Nun kommen wir noch zu Augmented Reality (AR). Auf Deutsch kennt man AR unter dem Begriff „erweiterte Realität". Ganz einfach zusammengefasst ist AR also die computergestützte Erweiterung der Realitätswahrnehmung. Es kommt zu einem Zusammenspiel zwischen der Realität und dem digitalen Leben. Genutzt werden kann, ähnlich wie bei Virtual Reality, eine Brille, aber auch beispielsweise die Kamera eines Smartphones. Der Unterschied bei der Nutzung einer VR-Brille gegenüber einer AR-Brille ist der, dass man bei der Nutzung einer AR-Brille weiterhin in seiner bekannten Umgebung ist. Es wird kein neuartiger Raum erschaffen, sondern nur Informationen im Blickfeld der Person eingeblendet, die dem Nutzer in bestimmten Situationen weiterhelfen können.

Amazon könnte AR-Brillen beispielsweise verwenden, um den Lagerarbeitern anzuzeigen, in welchem Regal ein bestimmtes Produkt vorzufinden ist.

Das erleichtert die Arbeit der Mitarbeiter und führt zu einer schnelleren Ausführung von Arbeitsschritten.

Ein weiteres Beispiel von Augmented Reality ist das Spiel „Pokémon Go", das 2016 einen echten Hype bei Jugendlichen auslöste. Bereits drei Jahre nach der Veröffentlichung des Spiels wurden eine Milliarden Downloads erreicht. In dem Spiel können Spieler virtuelle Wesen, sogenannte Pokémon, fangen, indem sie ihr Smartphone verwenden. Der Unterschied zu herkömmlichen Smartphone-Spielen, ist die Anwendung von Augmented Reality. Durch die Nutzung des, im Smartphone eingebauten, Lage- und Drehratensensors, sowie dem Satellitennavigationssignals, war es möglich, das Pokémon in der wirklichen Welt zu fangen. Statt ein computergeneriertes Hintergrundbild anzuzeigen, wurde die Kamera des Smartphones verwendet, um die reale Welt abzubilden. Gleichzeitig wurde durch AR

das Pokémon, sowie weitere Informationen eingeblendet, die man für das Fangen des virtuellen We-
sens benötigte. Eine echte Abwechslung und Innovation zu herkömmlichen Smartphone-Spielen.

Fassen wir also noch einmal die Unterschiede
zwischen Virtual Reality und Augmented Reality zusammen. Bei VR taucht der Nutzer in eine virtuelle
Welt ein, die nichts mit der Realität gleich hat. Bei
AR bleibt der Nutzer weiterhin in der physischen
Realität, erhält jedoch ergänzende Informationen,
die in der Realität nicht angezeigt werden. Dadurch
treten bei Augmented Reality – im Gegensatz zur
Virtual Reality – keine negativen Effekte, wie beispielsweise Schwindelgefühle, auf.

Sowohl Virtual Reality, als auch Augmented
Reality, werden in den kommenden Jahren noch
eine viel größere Rolle spielen als heute. Während
VR und AR heutzutage meist nur für Spielereien
eingesetzt werden, könnten die zwei Technologien

in der Zukunft zu einer echten Disruption führen. Sie könnten die Art und Weise ändern, wie Menschen Informationen aufnehmen und wie Menschen arbeiten. Stellen Sie sich nur einmal vor, wie viele Vorteile es hätte, wenn Sie durch Augmented Reality ein morgendliches Briefing erhalten, das Sie auf den neusten Stand bringt, währenddessen Sie ihr Frühstück zubereiten und eine Tasse Kaffee trinken. Oder wie wäre es, wenn Sie nie wieder einen Termin vergessen, da vorher ein Fenster aufploppt, das Sie an diesen Termin erinnert?

Ein Unternehmen, dass diese Zukunft in die Gegenwart holt, ist Microsoft. Mit dem Projekt „Mesh" versucht das Unternehmen die Augmented Reality zu nutzen, um die Arbeitswelt zu revolutionieren. Um zu beweisen, dass Microsoft das Zeug dazu hat, die echte Welt mit der digitalen Welt zu verbinden, trat der Entwickler des Projekts bei einer Konferenz nicht selbst auf — sondern als

Hologramm. Ein Hologramm ist eine Projektion von beispielsweise einer Person, die sich frei im Raum befindet. Die Teilnehmer der Microsoft-Entwicklerkonferenz „Ignite 2021" konnten dieses Hologramm mit Hilfe der AR-Brille „HoloLens 2" sehen. Durch die HoloLens-Brille ist es möglich, Gegenstände im digitalen Raum zu bewegen und mit digitalen Inhalten durch Sprache oder Gesten zu interagieren. Die HoloLens-Brille setzt auf künstliche Intelligenz und viele Sensoren, die beispielsweise Hand- und Eye-Tracking erlauben. Durch Eye-Tracking kann der Blick einer Person erfasst werden, wodurch eine bessere Interaktion mit den Hologrammen möglich ist. Eine der beliebtesten Anwendungen der HoloLens-Brille ist die Möglichkeit, einer Person aus der Ferne zu erklären, wie eine Wartung durchzuführen ist. Dadurch ist es nicht mehr nötig, Techniker an jedem Unternehmensstandort zu besitzen, um ein Problem selbst zu lösen. Falls Sie die AR-Brille von Microsoft selbst ausprobieren wollen, müssen Sie dafür übrigens nur knackige 3.849 Euro hinlegen.

3D-Druck

Die nächste Innovation ist der 3D-Druck. Käuflich zu erwerben gibt es den 3D-Drucker bereits seit 1988, die Einsetzung des 3D-Druckers im unternehmerischen Umfeld intensivierte sich jedoch erst in den letzten Jahren. Durch einen 3D-Drucker werden Materialien schichtweise aufgetragen, um einen Gegenstand zu erzeugen, der im Vorhinein digital entwickelt wurde. Materialien, die für den 3D-Druck verwendet werden, sind vor allem Kunststoffe, Kunstharze und Metalle, die vorher aufbereitet wurden. Sogar Sand kann als Material verwendet werden, um 3D-Werkstücke zu erstellen. Um die Materialien Schicht für Schicht aufeinander aufzutragen, wird das Material vorher geschmolzen. Das geschmolzene Material wird daraufhin aus dem

„Extruder" herausgepresst, indem eine Spirale in einer Röhre rotiert. Mithilfe eines Laserstrahls wird das Material danach ausgehärtet. Bei diesem Fertigungsverfahren spricht man von dem Fused Deposition Modeling (FDM).

Ein weiteres Verfahren, um Produkte mit einem 3D-Drucker herzustellen, ist der 3D-Druck mit einem Pulver. Dieses Verfahren ist ähnlich zu dem vorher genannten. Anstelle von geschmolzenem Material wird aber Pulver verwendet, auf das ein flüssiger Klebstoff aufgetragen wird. Dadurch ist das Verfahren ressourcenschonender, da nicht verklebtes Pulver im nächsten Druckvorgang verwendet werden kann.

Anwendungsgebiete des 3D-Drucks sind vor allem Bereiche, die komplexe Bauteile in geringen Stückzahlen benötigen. Das liegt daran, dass ein 3D-Drucker zwar sehr präzise, dafür aber auch sehr langsam arbeitet. Wir sind noch meilenweit davon entfernt, einen 3D-Drucker zu besitzen, der große Werkstücke in großen Mengen innerhalb kürzester Zeit drucken kann. Zurzeit dient der 3D-Drucker vor allem zur Herstellung von Prototypen, aber auch zur Fertigung von Einzelstücken in der Industrie.

Um Prototypen herzustellen, wird häufig das „Rapid Prototyping"-Verfahren verwendet. Rapid Prototyping beschreibt die schnelle Herstellung eines Modells durch einen 3D-Drucker. Rapid Prototyping hilft einem Unternehmen dabei, ein Produkt in einer kurzen Zeitspanne zu visualisieren und zu entwickeln, um dieses neue Produkt anschließend in der Massenproduktion in großen Stückzahlen herzustellen. Dadurch kann ein Produkt im Vorhinein betrachtet werden, um Änderungen vorzunehmen, für die man mit herkömmlichen Methoden mehr Zeit benötigen würde. Des Weiteren ist Rapid Prototyping kosteneffizient und benötigt wenig Personaleinsatz, da der Prozess zu einem großen Teil automatisch stattfindet. Außerdem können, die durch Rapid Prototyping produzierten, Entwürfe genutzt werden, um sie Kunden und Investoren zu präsentieren, um sie an der Entwicklung des Produkts teilhaben zu lassen. Dadurch können Kunden, vor dem Marktstart des Produkts, Feedback geben. Dieses Feedback kann genutzt werden, um das tatsächliche Produkt zu verbessern.

Obwohl die Kosten des 3D-Drucks aufgrund der noch nicht großflächig eingesetzten Nutzung hoch sind und die Qualität teilweise mangelhaft ist, gibt es eine Reihe von Herstellern, die 3D-Drucker verwenden. Dazu gehören unter anderem Unternehmen aus den Bereichen Medizin, Maschinenbau, Architektur, aber auch Automobilhersteller.

In der Medizin wird 3D-Druck benutzt, um Implantate herzustellen. Dazu gehören unter anderem künstliche Kniegelenke oder Kreuzbänder. Auch in der Zahnmedizin ist der 3D-Druck seit

Jahren im Kommen. Durch eine präzise Fertigung, mit Hilfe des 3D-Druckers, können Zahnkronen hergestellt werden, die sehr passgenau sind. Besonders in der Zukunft könnte uns diese Technologie stark helfen, da die Bevölkerung in Deutschland immer älter wird, wodurch auch der Bedarf an medizinischen Produkten und Prothesen steigen wird.

Im Maschinenbau und der Automobilindustrie werden 3D-Drucker verwendet, um benötigte Einzelteile herzustellen. Der Vorteil liegt darin, dass die Eigenherstellung mit Hilfe eines 3D-Druckers kostengünstig und zeitsparend ist. Durch immer geringere Anschaffungskosten und der Weiterentwicklung der Technologie des 3D-Drucks können die Kosten in der Zukunft noch weiter gesenkt werden, währenddessen die Qualität der gefertigten Werkstücke weiter ansteigen wird.

Auch Architekten und Bauherren können sich über den Einsatz des 3D-Drucks freuen. Anstatt

Baupläne und Zeichnungen in digitaler Form zu erzeugen und dem Kunden visuell zu präsentieren, kann ein Entwurf maßstabsgetreu 3D-gedruckt werden. Diese Technologie wird dem Bauherren dabei helfen, sich ein Gebäude besser vorstellen zu können, bevor es gebaut wird.

Die Einsatzmöglichkeiten des 3D-Druckers sind heute schon im kommerziellen Bereich und bei einzelnen Technik-Begeisterten angekommen. Dennoch wird sich auch der 3D-Druck weiterentwickeln, um Produkte schneller, günstiger, aber auch präziser herzustellen. Die größte Aufgabe wird darin bestehen, die Technologie massentauglicher zu machen. Während Unternehmen die Technologie des 3D-Drucks verwenden, um Einzelteile und Prototypen herzustellen, ist das Volumen der zu druckenden Teile im Vergleich zum Massenproduktionsvolumen eher gering. In der Zukunft muss die

Technologie weiterentwickelt werden, um auch im großen Maßstab einsetzbar zu sein.

Künstliche Intelligenz

Bei dem Wort künstliche Intelligenz denken viele Menschen an Maschinen, die so intelligent sind, dass Sie unsere Spezies unterdrücken und die Weltherrschaft an sich reißen können. Ganz so schlimm ist die künstliche Intelligenz aber (noch) nicht, sie wird uns in den kommenden Jahren sogar von großem Vorteil sein und ich erkläre Ihnen in diesem Kapitel warum.

Aber was ist künstliche Intelligenz nun genau? Künstliche Intelligenz (KI) bedeutet, dass eine Maschine, basierend auf einem vorher festgelegten Algorithmus, Aufgaben ausführt und je nach Situation anders reagiert. Selbst bei einer Situation, die noch nie passiert ist, kann die Maschine autonom reagieren. Im Gegensatz zu herkömmlichen Maschinen ist es dadurch möglich, nicht nur repetitive Aufgaben auszuführen, sondern auch Aufgaben, an die sich die Maschine immer wieder neu anpassen muss. KI basiert daher zu einem großen Teil auf menschlichem Verhalten, denn auch wir lernen aus Erfolgen und Fehlern, um das Verhalten in der Zukunft anzupassen.

Wenn man von künstlicher Intelligenz spricht, meint man damit heutzutage meist die schwache KI. Die schwache KI hat nur einen einzigen Anwendungsbereich. Sie besitzt nicht die Fähigkeit und Kreativität, sich selbstständig an neue Situationen anzupassen. Die schwache KI wird verwendet, um Aufgaben zu bewältigen, die zwar komplex, aber auch repetitiv sind. Bereiche, in denen schwache künstliche Intelligenz verwendet wird, sind beispielsweise Texterkennungs- und Spracherkennungsprogramme. Smart Speaker, wie Siri oder Alexa, benutzen schwache KI, um Fragen zu beantworten, die der Nutzer stellt. Sowohl Siri, als auch

Alexa, verstehen jedoch nicht, was die ausgegebene Antwort bedeutet. Beide Assistenzsysteme leiten die Frage des Nutzers nur an eine Datenbank oder das Internet weiter, um dort nach einer Webseite zu suchen, die eine Antwort bereithält. Das unterscheidet die schwache KI von der starken KI.

Die starke KI ist zurzeit noch in der Entwicklungsphase. Das Ziel der starken KI ist, dass die Systeme menschliche Fähigkeiten erreichen und diese sogar übertreffen. Maschinen, die eine starke KI verwenden, sollen ohne Hilfe eines Menschen, in der Lage sein, eine Lösung auf jedes mögliche Problem zu finden, indem sie flexibel handeln. Erst nimmt die KI das Problem wahr, dann wird das Problem erkannt und basierend darauf wird eine Lösung entwickelt. Während das Problem gelöst wird, lernt die KI mit, um beim nächsten Mal noch schneller und schlauer agieren zu können.

Unter den Begriff künstliche Intelligenz fallen auch die Themen „Machine Learning" und „Deep Learning". Machine Learning ist ein Teilbereich der KI und verwendet Algorithmen, die Muster aus Big Data entschlüsseln sollen. Auf Basis der gefundenen Muster in dem Datensatz ist es möglich, Vorhersagen zu treffen. Auf Streaming Plattformen, wie beispielsweise Netflix oder Amazon Prime, wird Machine Learning verwendet, um auf Basis der vorher geschauten Serien und Filmen, eine Liste mit Inhalten auszugeben, die dem Nutzer auch gefallen könnten. Der Vorteil von Machine Learning ist, dass nicht jeder Einzelfall konkret programmiert werden muss, um die Aufgabe zu lösen. Machine Learning nutzt Big Data, um Daten eigenständig zu entschlüsseln und diese zur Problembewältigung zu verwenden.

Das überwachte Lernen (Supervised Learning) ist ein Ansatz, um Machine Learning zu verwenden.

Dafür erhält die Maschine, die Machine Learning verwendet, einen Input. Das können beispielsweise Bilder von Katzen und Hunden sein, die vorher klassifiziert wurden. Die Maschine weiß dadurch, ob es sich auf dem Bild um eine Katze oder einen Hund handelt und verarbeitet diese Informationen. Je mehr Informationen die Maschine erhält, desto wahrscheinlicher ist es, dass die Maschine eigenständig erkennt, ob es sich auf einem Bild um einen Hund oder eine Katze handelt.

Der zweite Begriff, Deep Learning, ist ein Teilbereich von Machine Learning. Der Unterschied zu Machine Learning liegt in der Fähigkeit, dass sich die Maschine selbst trainieren kann. Um große Datenmengen zu analysieren, verwendet Deep Learning neurale Netze. Die neuralen Netze funktionieren ähnlich, wie das menschliche Gehirn. Erst wird ein Problem wahrgenommen, dann wird es analysiert, um daraufhin das Problem zu lösen. Im

Gegensatz zum Menschen funktioniert dieser Prozess viel schneller. Außerdem greift der Mensch bei Deep Learning nicht in den Prozess ein, währenddessen er bei der Analyse der Daten und im Entscheidungsprozess von Machine Learning sehr wohl eingreift.

Wenn es in der Zukunft möglich ist, eine starke KI zu entwickeln, wird das die gesamte Gesellschaft zu spüren bekommen. Wir werden in vielen Bereichen große Fortschritte machen, indem wir uns bei schwierigen Problemen durch starke KI helfen lassen. Trotz Unsicherheiten ist es einer starken KI möglich, Entscheidungen zu treffen, wodurch wir schwierige Entscheidungen an Maschinen, die starke KI verwenden, abgeben können. Es werden aber auch viele Arbeitsplätze wegfallen, da eine starke KI die gleichen, wenn nicht sogar besseren Leistungen als ein Mensch abrufen kann. Zudem sollten Gesetze erlassen werden, durch die eine

Nutzung von KI-Systemen begrenzt und überwacht wird. Sollte die Technologie in falsche Hände geraten, könnte das schlimme Folgen für uns alle haben.

Bereits 2014 sagte Stephen Hawking, ein wichtiger Physiker und Astrophysiker, dessen Bücher ich Ihnen sehr empfehlen kann, voraus, dass KI das Ende der Menschheit einleiten wird, indem sie die Kontrolle über uns Menschen übernehmen wird. 2017 forderten viele Experten und Unternehmen, darunter Elon Musk, der Tesla und PayPal gründete, dass autonome Waffen, die KI verwenden, verboten werden sollen.

Auf der anderen Seite gibt es aber auch viele Experten, die künstliche Intelligenz klar befürworten. Künstliche Intelligenz hilft uns bereits heute schon bei wichtigen Themen, wie der Cybersicherheit, bei der Bekämpfung von COVID-19 und bei der Löschung von Desinformationen. In der Zukunft werden künstliche Intelligenz und die

Einsatzmöglichkeiten dieser Technologie exponentiell anwachsen, wodurch auch Probleme, wie der Fachkräftemangel, gelöst werden könnten.

5G

5G ist die fünfte Generation des Mobilfunks und ist damit der Nachfolger von 4G (LTE). Im Gegensatz zu 4G ist 5G bis zu 100-mal schneller und erlaubt dadurch eine Kommunikation in Echtzeit. Der Unterschied zwischen 3G, 4G und 5G ist der, dass 3G und 4G im Frequenzbereich von 2GHz Daten übertragen, währenddessen 5G im Bereich von 2GHz, aber auch im Frequenzbereich zwischen 3,4 und 3,7 GHz, Daten überträgt. Der Nachteil von höheren Frequenzen ist der, dass sich Funkwellen weniger gut ausbreiten können. Hindernisse, wie beispielsweise Hauswände, können schwerer durchdrungen werden, wodurch 5G eine geringere Reichweite besitzt als 4G. Aus diesem Grund müssen neue Funkmaste errichtet werden, um die Nutzung von

5G sicherzustellen. Durch eine größere Mastendichte erhöhen sich auch die Kosten gegenüber der 4G-Technologie. Außerdem sind für die Inbetriebnahme neuer Masten aufwendige Tests zur Qualitätssicherung und Netzabdeckung nötig. Das benötigt viel Zeit, aber auch einen hohen Kapiteleinsatz.

5G wird seit 2019 ausgebaut. Der Netzanbieter Telekom erreicht heute bereits knapp 80 Prozent der deutschen Bevölkerung. Der neue Mobilfunkstandard 5G eröffnet den Technologien der Digitalisierung neue Einsatzpotenziale, die vorher nicht möglich gewesen wären. Durch eine bessere Netzstabilität und höhere Geschwindigkeiten, können neue Mobilitätsangebote entstehen, da autonome Autos auf schnelles Internet angewiesen sind, um Daten in Echtzeit zu übertragen. Des Weiteren ist die neue 5G-Technologie die Grundlage, um Produktionsprozesse zu automatisieren. Ein weiterer Bereich, der durch die 5G-Technologie profitieren kann, ist die bereits genannte Virtual und Augmented Reality, da diese Dienste eine hohe Breitbandanforderung besitzen.

Durch 5G ist es möglich, 500 Milliarden Geräte zu benutzen. Das Internet der Dinge wird laut ersten Schätzungen 70 Milliarden Geräte benötigen, die zur gleichen Zeit angesprochen werden müssen – und das allein bis zum Jahr 2024. 5G ist daher unerlässlich, um das Internet der Dinge voranzutreiben.

Insgesamt gibt es drei Anwendungsszenarien für die neue 5G-Technologie. Das erste Szenario ist das „Enhanced Mobile Broadband" (eMBB). Dadurch können Mobilgeräte mit hohen Datenraten versorgt werden. Das zweite Szenario heißt „Massive Machine Type Communication" (mMTC). In diesem Bereich geht es um das Internet der Dinge. In diesem Anwendungsszenario ist die Datenrate geringer, dafür aber auch der

Energieverbrauch. Durch die Datenratenbegrenzung können mehr Verbindungen unterstützt werden. Das letzte Anwendungsszenario ist die „Ultra-reliable and Low Latency Communication" (uR-LLC). Dieser Bereich ist besonders für autonome Autos und die Automation in der Industrie wichtig, da uRLLC Verbindungen mit einer niedrigen Latenz zulässt.

Des Weiteren bietet die 5G-Technologie mehr Sicherheit als der Vorgänger 4G, da die jeweiligen 5G-Komponenten getrennt voneinander gesichert werden. Dadurch ist bei einem Defekt einer einzelnen Komponente der Schutz der anderen Komponenten sichergestellt. Dennoch vergrößert sich, durch immer mehr vernetzte Geräte, das Risiko von Eingriffen durch Cyber-Kriminelle. Außerdem wächst die Abhängigkeit von der neuen Technologie, da die Vernetzung in der Produktion immer weiter zunehmen wird.

Des Weiteren verbreiteten sich erste Ängste von Personen, die glauben, dass es durch den 5G-Netzausbau eine höhere Gesundheitsgefährdung gäbe. Aber keine Sorgen: Ich kann Sie beruhigen. Im Vergleich zu 4G ist die Strahlung von 5G nicht höher, sondern sogar niedriger. Das liegt daran, dass die Strahlung bei 5G besser verteilt wird als bei dem Vorgänger 4G. Des Weiteren benutzt die 5G-Technologie „Beamforming", wodurch Funkwellen nicht gleichmäßig in alle Richtungen verteilt, sondern auf ein bestimmtes Ziel gebündelt ausgerichtet werden. Manche Personen haben auch Angst davor, dass die Strahlungen, die durch 5G verteilt werden, zu Krebs führen könnten. Auch hier kann ich Sie teilweise beruhigen, denn die Intensität der Strahlung reicht nicht aus, um krebserregend zu sein. Die Strahlung, die ein Smartphone abgibt, kann das Krebsrisiko laut ersten Studien jedoch sehr wohl erhöhen. Aus diesem Grund sollte man zum Telefonieren das

Handy nicht direkt am Ohr haben, sondern lieber per Headset telefonieren.

Blockchain und Bitcoin

Das Thema Blockchain erhielt in den letzten Jahren, ausgelöst um den Hype um Bitcoin, eine hohe Aufmerksamkeit. Dennoch wissen viele Personen nicht, was sich hinter der Technologie der Blockchain verbirgt.

In der heutigen Zeit läuft vieles digital ab: Das Speichern von Fotos mit unseren Liebsten in einer Cloud, das Anzeigen unseres Kontostands bei der Bank und vieles mehr. In jedem dieser Fälle gibt es auch eine Datenbank im Hintergrund, die diese Informationen auf einem Server speichert. Aufgrund der Speicherung auf einem meist zentralen Server leidet die Sicherheit der Daten und es gibt die Möglichkeit, ohne Erlaubnis auf diese zuzugreifen.

Durch die Blockchain-Technologie wird dieses Problem gelöst, denn Daten werden nicht mehr auf einem zentralen Server gespeichert. Da die Technologie sehr kompliziert ist, versuche ich sie Ihnen erst einmal mit einem einfachen Alltagsbeispiel zu erklären.

Stellen Sie sich vor, Sie haben auf ihrem Computer eine Datei gespeichert, die verschiedene Transaktionen beinhaltet. Zwei Mitarbeiter der Regierung besitzen jedoch die gleiche Datei, die auch auf Ihrem Computer gespeichert ist. Führen Sie eine neue Transaktion durch, werden die zwei Mitarbeiter über die Änderung informiert und überprüfen, ob Sie genug Geld besitzen, um die Transaktion durchführen zu können. Der erste Mitarbeiter, der die Transaktion überprüft hat und bestätigen konnte, dass die Transaktion rechtmäßig war, leitet diese Information an alle weiteren Teilnehmer weiter. Sollte der zweite Mitarbeiter auf dieselbe Einschätzung kommen, auf die auch der erste

Mitarbeiter gekommen ist, aktualisieren alle beteiligten Personen, also die zwei Mitarbeiter und Sie, die Datei.

Genau so, nur etwas komplexer, funktioniert die Blockchain-Technologie. Sie selbst wären in diesem Beispiel der sogenannte „Node", die Datei auf ihrem Computer würde „Ledger" und die zwei Mitarbeiter „Miners" heißen. Das Verfahren, durch das Transaktionen überprüft und bestätigt werden, nennt sich „Proof of Work". Durch die Überprüfung von Transaktionen durch alle Personen, die an der Transaktion beteiligt sind, ist es nicht möglich, Transaktionen zu manipulieren. Sollte ein Datensatz einen Fehler beinhalten, wird eine neue Transaktion durchgeführt, um diesen Fehler zu korrigieren. Nun wissen Sie, wie die Blockchain-Technologie funktioniert und kennen die richtige Terminologie.

Vielleicht ist Ihnen auch aufgefallen, dass die, für Blockchain genutzte, Technologie ähnlich zu der des Dark Nets ist. Denn nicht nur für das Dark Net werden Peer-2-Peer-Netzwerke verwendet, sondern auch für die Blockchain-Technologie. Um Daten nicht mehr auf zentralen Servern speichern zu müssen, werden die Daten auf den Peer-2-Peer-Netzwerken gespeichert. Dies führt zu einer erhöhten Sicherheit im Vergleich zu herkömmlichen Datenbanken.

Die Distributed-Ledger-Technologie ist ein weiteres Schlüsselelement der Blockchain-Technologie. Sie ermöglicht es allen Teilnehmern eines Netzwerks, eine Datei zu lesen und diese zu ändern. Sollte eine Datei geändert werden, werden anschließend alle Teilnehmer informiert, um stets eine aktualisierte Datenbank zu besitzen. Durch die Distributed-Ledger-Technologie können Unternehmen viel Zeit sparen, da Transaktionen nur einmal aufgezeichnet werden müssen. Durch die gemeinsame Nutzung einer Datei fallen doppelte Arbeitsschritte weg.

Das bekannteste Beispiel, das die Blockchain-Technologie verwendet, ist die Kryptowährung Bitcoin. Bitcoin ist die erste Kryptowährung, die es jemals gab und ist gleichzeitig die Marktstärkste. Eine Kryptowährung ist ein digitaler Vermögenswert, also eine Art digitale Aktie. Mit einem Bitcoin kann man, genauso wie mit echtem Geld, Produkte und Dienstleistungen bezahlen. Im Gegensatz zu herkömmlichem Geld, das meist „Fiatgeld" genannt wird, werden Bitcoin-Transaktionen virtuell durchgeführt. Des Weiteren ist nicht die Zentralbank für den Umlauf der Währung zuständig, sondern Privatpersonen, die Bitcoin-Mining betreiben. Bitcoin-Mining ist ein Prozess, bei dem, durch sogenannte „Miner", Rechenleistung zur Verfügung gestellt wird, um Transaktionen zu verarbeiten und zu überprüfen. Diese Miner werden im Gegenzug durch einen Bruchteil eines Bitcoins entlohnt. Zudem ist es nur durch diesen Prozess möglich, neue Bitcoins herzustellen.

In der letzten Zeit stand die Kryptowährung Bitcoin aber auch häufig in der Kritik. Das lag einerseits daran, dass Bitcoins als hochriskante Investition angesehen werden, da der Wert eines Bitcoins im Gegensatz zu herkömmlichen Vermögenswerten, höheren Schwankungen ausgesetzt ist. Andererseits lag es aber auch an dem hohen Stromverbrauch und der daraus resultierenden Umweltverschmutzung, die durch das Herstellen neuer Bitcoins erzeugt wird. Eine einzige Bitcoin-Transaktion benötigt fast 1.173 Kilowattstunden Strom. Für das Jahr 2021 wurde ein Energiebedarf von knapp 120 Terrawatt prognostiziert, dem jährlichen Stromverbrauch der Niederlande.

Die Blockchain-Technologie ist noch nicht sehr weit fortgeschritten und Projekte, wie beispielsweise Bitcoin, sind noch nicht im Alltag aller Personen angekommen. Dennoch ist die Blockchain-Technologie wichtig, um die Zukunft sicherer und leistungsstärker zu machen. Im Gegensatz zu vielen anderen Innovationen des digitalen Zeitalters, wird die Blockchain-Technologie zwar überall eine Rolle spielen, allerdings wird sie für uns meist nicht sichtbar sein, da sie vor allem im Back-End Gebrauch finden wird.

Robotik

Denkt man an technische Innovationen, die in den nächsten Jahrzehnten von großer Bedeutung sind, werden die meisten Personen an Roboter denken. Vielleicht liegt das an dem großen Potential, das Roboter für die Menschheit besitzen, vielleicht aber auch einfach nur an der Liebe zu Science-

Fiction-Filmen, in denen Roboter natürlich nie fehlen dürfen.

Roboter sind Automaten, die entweder ferngesteuert werden oder durch einprogrammierte Befehlsfolgen Tätigkeiten ausführen. Genutzt wird der Begriff „Roboter" bereits seit 1920. Im Jahr 1942 veröffentlichte Isaac Asimov eine Erzählung mit dem Titel „Runabout", in der er drei Gesetze der Robotik formulierte.

Die erste Regel lautet, dass kein Mensch durch einen Roboter, oder durch dessen Untätigkeit, verletzt werden darf. In der zweiten Regel formulierte Asimov, dass der Roboter auf die Befehle des Menschen hören muss. Diese Regel gilt nicht, wenn dadurch die erste Regel gebrochen wird. Die letzte Regel ist die, dass ein Roboter seine eigene Existenz schützen muss. Die Regel gilt nur, wenn dadurch die anderen beiden Regeln nicht gebrochen werden. Die von Isaac Asimov erstellten Robotergesetze dienen noch immer als Leitfaden für viele Forscher auf dem Gebiet der Robotik und künstlichen Intelligenz. In der Zukunft werden die drei Gesetze an Bedeutung zugewinnen, da die Roboter immer mehr Fähigkeiten erhalten werden, die in falschen Händen zu fatalen Folgen führen könnten.

Die Erfinder des ersten Roboters sind Joseph Engelberger und George Devol. 1954 meldete Devol ein Patent für einen programmierbaren Arm an, jedoch fehlte ihm das Geld, um weiter an seinem Projekt arbeiten zu können. Auf einer Cocktailparty traf er zwei Jahre später den Investor Joseph Engelberger – der übrigens ein großer Fan von Isaac Asimov war – und entwickelte zusammen mit ihm den ersten modernen Roboter. 1959 konnte der erste Prototyp vorgestellt werden, um zwei Jahre später in der Produktion von General Motors eingesetzt werden zu können.

Roboter werden in der Zukunft, teilweise aber auch schon heute, in vielen unterschiedlichen Bereichen verwendet. Roboterarten kann man entweder nach der Konstruktionsweise oder nach dem Verwendungszweck einordnen. Ich habe mich dazu entschieden, die Roboterarten nach dem Verwendungszweck einzuordnen, um die Einsatzmöglichkeiten von Robotern im privaten Haushalt und in Unternehmen besser zu veranschaulichen.

Die erste Roboterkategorie sind „Erkundungsroboter". Wie der Name schon sagt, ist das Ziel der Erkundungsroboter die Erkundung von unbekannten Arealen. Primär werden sie eingesetzt, um Planeten und Monde zu erkunden. Die NASA, die US-Bundesbehörde für Raumfahrt, schickte beispielsweise mehrere Erkundungsroboter auf den Mars, um mehr über den Planeten zu erfahren, ohne dass je ein Mensch auf diesem Planeten landen musste. Im Februar 2021 landete die NASA einen weiteren

Roboter auf dem Mars, um nach Spuren von früherem mikrobiellen Leben zu suchen. Die Erkenntnisse, die uns Erkundungsroboter bringen können, werden auch den Entwicklungen auf der Erde dienen.

Die zweite Kategorie sind „Industrieroboter". Diese Roboter sollen Unternehmen dabei helfen, Werkstücke zu bearbeiten und werden beispielsweise in der Automobilfertigung genutzt. Industrieroboter sind ein fester Bestandteil der Industrie und werden in der Zukunft, bezogen auf Industrie 4.0, einen noch viel größeren Nutzen besitzen. Die Anzahl der Industrieroboter, die weltweit genutzt werden, steigen immer weiter an. Während 2010 knapp eine Millionen Industrieroboter in Benutzung waren, sind es 2020 bereits drei Millionen Industrieroboter. In der Roboterdichte ist Deutschland europaweit führend. Pro 10.000 Arbeitnehmer besitzt Deutschland 346 Roboter. Nur die Länder

Singapur, Korea und Japan besitzen eine höhere Roboterdichte als Deutschland. Singapur besitzt knapp 2,5-mal so viele Roboter wie Deutschland, nämlich 918 Roboter pro 10.000 Arbeitnehmer.

Während die Digitalisierung von Deutschland nicht immer reibungslos lief, besitzt Deutschland durch das hohe Know-how im Roboterbereich, die Möglichkeit, die Entwicklungen zu nutzen, um selbst Unternehmen aufzubauen, die Hardware oder Software für Roboter herstellen.

Ein Roboter, der im Industriebereich tätig ist, ist „YuMi". YuMi ist ein Roboter des Herstellers ABB und kann Mitarbeiter in der Produktion durch seine präzise Feinmotorik unterstützen. Zudem besitzt YuMi Sensoren und die nötige Programmierung, um Hindernisse zu umfahren und aus Fehlern zu lernen.

Eine weitere Roboterart ist der „Medizinroboter". Ein Roboter dieser Kategorie wird eingesetzt, um im medizinischen Bereich mechanische Arbeiten durchzuführen und zu assistieren. Medizinroboter können in Krankenhäusern Aufgaben übernehmen, die Menschen nicht oder nicht dauerhaft leisten können, da Maschinen im Gegensatz zu Menschen nicht müde werden, was besonders bei längeren und komplexeren Operationen wichtig ist. Auch medizinisches Fachpersonal kann durch Medizinroboter unterstützt werden. Beispielsweise gibt es Roboter, die Medikamente dosieren. Des Weiteren können Roboter, je nach Gebrauch, autonom arbeiten oder durch eine Person gesteuert werden. Bei Operationen wird meist die zweite Variante verwendet. Der Operateur steuert den Roboter durch die Nutzung von einem Joystick, um präzise Arbeiten vorzunehmen, die eine menschliche Hand nicht in der gleichen Qualität durchführen kann. Dennoch ist es kurz- und mittelfristig nicht beabsichtigt, den Menschen vollständig zu ersetzen und durch einen

Roboter zu ersetzen, der alle Operationen selbstständig durchführt. Vielmehr sollen Roboter präzise Eingriffe assistieren und dem Arzt bei der Auswahl von Behandlungsmöglichkeiten helfen. Die Vorteile durch Medizinroboter sind immens. Sie verringern die Belastung der Patienten, verkürzen Operationszeiten und führen zu weniger Fehlern.

„BioMot" ist ein Projekt, durch das in den kommenden Jahren ein tragbarer Roboter hergestellt werden soll, der Menschen mit starken Bewegungseinschränkungen unterstützt. Herkömmliche tragbare Roboter, die die menschliche Fortbewegung unterstützen sollen, bieten immer noch nicht die Flexibilität in Echtzeit an, die ein Mensch benötigt. Aus diesem Grund versucht das BioMot-Projekt, die Effizienz zu steigern, indem Lern- und Steuerungsansätze verbessert werden. Würden Joseph Engelberger und George Devol, die Erfinder des ersten Roboters, noch leben, wären sie sicherlich stolz auf die Einsatzmöglichkeiten der Roboter in der Medizin, für die sie mitverantwortlich sind.

Die letzte Roboterart, die ich Ihnen vorstellen möchte, ist der „Dienstleistungsroboter", der häufig auch „Serviceroboter" genannt wird. Diese Roboterart wird meist im privaten Sektor verwendet, um einfache Dienstleistungen, wie das Reinigen eines Fensters oder das Saugen des Bodens, zu verrichten. Im Gegensatz zu den meisten Industrierobotern, benötigt ein Dienstleistungsroboter kein geschultes Personal. In Deutschland benutzt fast jede fünfte Person einen Serviceroboter, darunter vor allem Staubsaugerroboter und Rasenmähroboter. In der Zukunft wird ein weiterer wichtiger Bereich der Dienstleistungsroboter der Pflegeroboter sein. Durch den Pflegeroboter wird es beispielsweise möglich sein, gehbehinderten Personen in den Rollstuhl zu helfen, Patienten zu waschen oder Nahrungsmittel und Medikamente bereitzustellen.

Dadurch kann Pflegepersonal entlastet werden, um mehr Zeit für wichtigere Aufgaben zu besitzen. Ein Beispiel für einen Roboterassistenten, der Menschen in Pflegeheimen unterstützt, ist der in Deutschland entwickelte „Care-O-bot". Durch ihn ist es möglich, Personal durch Essenslieferungen zu unterstützen. Des Weiteren könnte der Care-O-bot in der Zukunft als mobiler Assistent dienen, indem er Essen kocht. Der Care-O-bot besitzt aber auch Einsatzmöglichkeiten in anderen Bereichen, wie beispielweise der Industrie. In der Industrie kann er unter anderem Aufgaben übernehmen, wie das Be- und Entladen von Maschinen.

Ein Negativpunkt, den Roboter besitzen, ist der Wegfall von Arbeitsstellen durch die Automatisierung in nahezu jedem Bereich des Lebens. Dennoch sollte dieser Negativpunkt nicht zu viel Gewicht in der Bewertung der Roboter einnehmen, da gleichzeitig in einem ähnlichen Umfang neue

Arbeitsstellen entstehen werden. Aus diesem Grund ist es wichtig, dass Arbeitgeber und der Staat Lösungen entwickeln, um Arbeitnehmer weiter- oder umbilden zu können, um eine friktionelle Arbeitslosigkeit zu vermeiden oder zumindest zu verkürzen. Denn eine Sache konnten wir aus den vorangegangenen industriellen Revolutionen lernen: Bildung schützt Menschen vor den Auswirkungen dieser Revolution. Außerdem besitzen Roboter zu viele Vorteile und bieten zu viele Einsatzmöglichkeiten, um nicht weiterentwickelt zu werden. Zudem sollte es doch eigentlich unser Ziel sein, unsere Evolution voranzutreiben. Durch Roboter wird es – vielleicht noch zu unserer Lebenszeit – möglich sein, die Erwerbsarbeit auf ein Minimum zu reduzieren, wodurch wir uns um noch wichtigere Aufgaben konzentrieren können.

Smart Home

Sind sie auch genervt davon, immer einkaufen gehen zu müssen, weil der Kühlschrank leer ist? Ist es Ihnen schon einmal passiert, dass Ihr Boden durch Regen nass wurde, weil Sie schon wieder vergessen haben, Ihr Dachfenster zu schließen, weil Sie nicht auf den Wetterbericht geachtet haben? Sind Sie es auch leid, die Heizung im Winter eigenständig höher schalten zu müssen als im Sommer, da es sonst zu kalt oder zu warm ist? Dann sollten Sie dieses Kapitel lieber ganz genau durchlesen.

Smart Home hilft Ihnen dabei, einfache Tätigkeiten im Haushalt auszuführen. Dafür werden technische Geräte verwendet, die mit Sensoren, Motoren oder Kameras ausgestattet sind. Je mehr technische Geräte Sie in Ihrem Haushalt installiert haben, desto mehr Vorteile können Sie durch die Vernetzung der Geräte genießen. Zu diesen Vorteilen gehören eine höhere Wohnqualität und Sicherheit, sowie eine effizientere Nutzung der Energie. Unter den Begriff Smart Home fällt die Vernetzung von Küchengeräten, wie beispielsweise ein Kühlschrank und ein Herd, aber auch andere im Haus installierte Technik, wie beispielsweise Heizungen, Lampen und Waschmaschinen. Ein Großteil der Geräte, die eine Smart Home-Schnittstelle besitzen, können auch via Internet angesprochen werden, um die Funktionen des Smart Home zu erweitern.

Um die Smart Home-Geräte, die man in seinem Haus installiert hat, zu steuern, gibt es mehrere Möglichkeiten. Einerseits können manche Geräte autonom arbeiten, andererseits gibt es auch Geräte, die man per App oder Sprachsteuerung bedienen muss. Je nach Hersteller ist es bei Lampen, die eine Smart Home-Schnittstelle besitzen, möglich, eine App zu verwenden, in der Automationen hinzugefügt werden können. Dadurch ist es möglich, dass sich die Lampen zu einer bestimmten Uhrzeit oder bei einem vorher definierten Sonnenstand selbst ein- und ausschalten. Diese Funktion erhöht auch die Sicherheit, da ein „Urlaubsmodus" eingerichtet werden kann, der neben dem Einschalten der Lichter auch Kameras anfunken kann, um aus der Ferne die Eingangstür oder Räume im Haus zu überwachen.

Um Smart Home-Geräte per Sprachsteuerung zu benutzen, sind Sprachassistenten notwendig. Die bekanntesten Sprachassistenten sind Amazon Alexa, Google Home und Siri, der Assistent von Apple. Sprachassistenten analysieren gesprochene Worte und versuchen, auf diese zu antworten. Die Betonung liegt auf „versuchen", denn bis jetzt sind die Entwicklungen im Bereich der Sprachassistenten nicht genug ausgereift, um diese als einen wirklichen „Assistenten" ansehen zu können. Das liegt daran, dass ein Sprachassistent noch nicht die Fähigkeit besitzt, komplexe Fragen zu beantworten. Um einen Song abzuspielen, eine Lampe anzuschalten oder eine sonstige einfache Tätigkeit auszuführen, reichen die Funktionen der Sprachassistenten jedoch aus. Des Weiteren werden die Funktionen der Sprachassistenten immer weiter ausgebaut, um in der Zukunft auch komplexere Tätigkeiten ausführen zu können. Außerdem sind die Sprachassistenten, trotz noch geringer Nutzungsmöglichkeiten, bereits so beliebt, dass Amazon mehr als 100 Millionen Alexa Sprachassistenzsysteme verkaufen konnte.

In der Zukunft werden Smart Home-Geräte, ausgehend von noch mehr Vernetzungen zwischen Geräten, noch schlauer. Es wird möglich sein, dass Smart Home Geräte untereinander stärker kommunizieren, um durch künstliche Intelligenz selbstständige Automationen zu entwickeln.

Sobald Ihr Wecker klingelt, wird das Licht angehen. Danach können Sie in das geheizte Bad gehen, in dem die Heizung erst kurz bevor Sie aufgestanden sind, eingeschaltet wurde, um Energie zu sparen. Danach können Sie Ihren frisch gebrühten Kaffee trinken und Ihren digitalen Sprachassistenten nutzen, um die neusten Nachrichten zu erfahren. So könnte die Zukunft unseres Alltags aussehen, wenn wir in unserem Haus alle Haushaltsgeräte durch Smart Home-Geräte austauschen. Also ich könnte mich persönlich sehr gut an diesen Gedanken gewöhnen.

Smart City

Nachdem wir uns im vorherigen Kapitel mit Smart Home auseinandergesetzt haben, kommen wir nun zu einer noch größeren Dimension: Smart Cities. Der Begriff Smart City beschreibt Konzepte, durch die Städte effizienter, nachhaltiger und lebenswerter werden sollen. Um solche Städte zu erschaffen, bedarf es moderner Technologien aus den Bereichen Verwaltung, Städteplanung, Mobilität und Energie, sowie einer geeigneten Infrastruktur und effizienten Prozessen. Im Bereich der Energie ist das Ziel, auf erneuerbare Energien zu setzen und Autos mit alternativen Antriebsformen herzustellen. Hierfür ist aber nicht nur die Herstellung der Autos wichtig, sondern, im Falle von Elektroautos, auch die integrierte Planung im privaten und gewerblichen Bereich. Um eine smarte Stadt aufzubauen, sind Sensoren und das Thema Internet of Things wichtig, um Daten erheben zu können, durch die Prozesse in verschiedenen Bereichen effizienter gestaltet werden können. Dadurch werden Menschen, die in den Städten wohnen, in die Entwicklung miteinbezogen. Sie sind also ein Teil der Smart City und der technischen Infrastruktur.

Smart Cities besitzen viele Dimensionen, auf die eingewirkt werden. Dazu gehören die Wirtschaft, Politik, Gesellschaft, Nachhaltigkeit, Energie und Mobilität.

Um die Wirtschaft smart zu gestalten und Entwicklungspotenziale zu erschließen, sind neue Produkte und Dienstleistungen notwendig. Das Thema Industrie 4.0, das am Anfang des Buches erläutert wurde, ist wichtig, um die digitale Vernetzung in der Produktion voranzutreiben. Durch intelligente Maschinen kann kosten- und zeitsparender gearbeitet werden, wodurch die Wirtschaft profitiert. Die Dimension der Wirtschaft ist geprägt durch innovative Ideen, die unsere Arbeitsweise grundlegend verändern wird.

Die zweite Dimension ist die Politik und damit einhergehend die Verwaltung. In der COVID-19-Pandemie konnten wir sehen, was passiert, wenn die Prozesse der Verwaltung veraltet und ineffizient sind. Die Politiker sind die Hauptverantwortlichen, um Innovationen und die Forschung voranzutreiben. Durch das EU-Förderprogramm Horizont 2020 versuchen die EU-Staaten daher genau diese

Forschung zu unterstützen. Neben den Schwerpunkten Wirtschaft und Wissenschaft, sieht das Programm auch vor, dass gesellschaftliche Herausforderungen im Zentrum stehen. Zu diesen gesellschaftlichen Herausforderungen zählen auch die Themen Wohlergehen, effiziente und saubere Energie, sowie Klimaschutz – alles Themen, die für Smart Cities von Bedeutung sind. Das Ziel der Politik, bezogen auf Smart Cities, sollte der stärkere Einbezug von Bürgern in politische Entscheidungsprozesse sein. Des Weiteren helfen Smart Cities dabei, Entscheidungs- und Maßnahmenprozesse transparenter zu gestalten.

Bei der dritten Dimension handelt es sich um das Herzstück einer Stadt – die Zivilgesellschaft. Die Gesellschaft einer Smart City versucht ihre Stadt, durch eigene Bemühungen und mit der Hilfe von modernen Technologien, zu gestalten. Damit diese Initiative durchgeführt werden kann, werden sich die Bewohner zusammenschließen, um in Prozesse der Stadt eingreifen zu können. Das fördert das gesellschaftliche Zusammenleben innerhalb der Stadt.

Die Gesellschaft kann auch durch sogenannte Sharing-Modelle profitieren, bei denen Gegenstände, wie beispielsweise Autos, gemeinsam benutzt werden können. Neben den Vorteilen für die Umwelt, verbessern Car-Sharing-Dienste auch das allgemeine Stadtbild und die Infrastruktur.

Um den Klimawandel aufzuhalten und nachhaltiger mit Ressourcen umzugehen, könnten smarte Städte regionale Kreislaufwirtschaften einführen. Der European Green Deal, ein Konzept, durch das die EU bis 2050 klimaneutral werden soll, hat die Kreislaufwirtschaft als wichtiges Instrument aufgenommen, um die Umwelt zu schützen. Zur jetzigen Zeit reden wir jedoch eher von einer linearen Wirtschaft, was bedeutet, dass Ressourcen nicht nachhaltig verwendet werden, wodurch wertvolle

Materialien und die Umwelt geschädigt werden. Durch ein besseres Produktdesign wird es in der Zukunft möglich sein, Ressourcen effizienter nutzen zu können. Bei der Transformation einer Kreislaufwirtschaft sind viele Prozesse, darunter Energie-, Fertigungs- und Verteilungsprozesse zu berücksichtigen. Um den Übergang von der linearen Wirtschaft zu einer Kreislaufwirtschaft zu erleichtern, ist es daher notwendig, Smart-City-Strategien zu erstellen, durch die beispielsweise die Infrastrukturprobleme für E-Mobilität gelöst werden. Um die Umwelt zu schützen, müssen zudem „Smart Grids" verwendet werden. Der Begriff Smart Grid bezeichnet das Ziel, die Auslastung vorhandener Infrastruktur zu verbessern, indem effizientere Regelungssysteme verwendet werden. Dadurch ist es möglich, zu jedem Zeitpunkt eine Balance zwischen der Erzeugung und dem Verbrauch von Energie zu gewährleisten.

Die letzte Dimension von Smart Cities ist die Mobilität. Die Mobilität innerhalb Smart Cities ist energie- und emissionsarm. CO-2-Emmissionen können beispielsweise durch die Digitalisierung des Verkehrs verringert werden, da der Verkehr mit Hilfe von Daten optimiert wird, um Standzeiten der Autos im Stau zu verringern. Zu einem gewissen Teil schlagen Städte schon heute eine Wende zur smarten Mobilität ein, da man Tickets für Bus und Bahn per App beziehen kann. Erweitert wird die Mobilität, neben dem öffentlichen Nahverkehr, durch Carsharing-Dienste und sonstige Verleihsysteme, durch die Fahrzeuge gemeinschaftlich genutzt werden können.

Neben den vielen Vorteilen, die uns smarte Städte bringen, gibt es aber auch Kritik. Durch die benötigten Sensoren und Kameras, mit denen wichtige Daten gesammelt werden, kann es auch zu einer verstärkten Überwachung der Bürger kommen. Ein

Beispiel, was passieren kann, wenn Kameras und Sensoren zweckentfremdet werden, ist das Sozialkredit-System aus China, durch das jedes Verhalten der Bürger positiv oder negativ bewertet wird. Das Sozialkredit-System werde ich Ihnen in einem späteren Kapitel genauer erklären.

Ein Beispiel, wie eine Smart City aussehen kann, zeigt der Stadtstaat Singapur. Singapur ist ein dicht besiedelter Bereich, wodurch Technologien und Innovationen nötig sind, um ein friedliches Zusammenleben zu ermöglichen. In der gesamten Stadt wurden Sensoren verteilt, die Daten sammeln, um die Mobilität zu verbessern, indem der Verkehrsstrom effizienter gestaltet wird. Die Daten, die durch die Sensoren gesammelt werden, können durch Privatpersonen und Unternehmen eingesehen werden, um diese für andere Anwendungen zu benutzen. Des Weiteren nutzt Singapur Technologien, Big Data, sowie das Internet der Dinge und künstliche Intelligenz, um neue Reiseoptionen zu entwickeln. Eine wichtige Rolle wird hierbei vor allem das autonome Fahren spielen. Durch eine App wird man einen Shuttle herbeirufen können, der Pendler bis zum nächsten Bahnhof fahren wird – also eine Art „On-Demand-Shuttle" für den öffentlichen Verkehr.

Ein weiteres Beispiel für eine Smart City ist die dänische Stadt Kopenhagen. Durch die Analyse von Daten aus verschiedenen Bereichen, steigt die Effizienz in nahezu jedem Aspekt des täglichen Lebens – vor allem in der Mobilität. Fahrradfahrer spielen eine besondere Rolle in Kopenhagen. Für sie ist es möglich, eine App zu benutzen, in der durch die Verarbeitung von Informationen, optimierte Routen vorgeschlagen werden. Außerdem wird den Fahrradfahrern in der App angezeigt, wie schnell Sie fahren sollten, um an der nächsten Ampel nicht vor einer roten Ampel stehen zu müssen. Durch die

Verkehrsoptimierungen wird es Kopenhagen möglich sein, CO2-Emissionen so weit zu reduzieren, dass die Stadt bis 2025 kohlenstoffneutral wird.

Gesundheit: Krankheiten eliminieren durch CRISPR/Cas9

Nun haben wir bereits viele Technologien der Digitalisierung besprochen, die Auswirkungen auf die Industrie oder unser Privatleben haben. In diesem Kapitel möchte ich mich aber mit einer Innovation beschäftigen, die nicht nur Geld oder Zeit spart, sondern das Leben vieler Menschen schützen kann. Das Verfahren CRISPR/Cas9, ist ein Verfahren, durch das DNA-Bausteine im Erbgut verändert werden können. Die ausgeschriebene Form von CRISPR ist „Clustered Regularly Interspaced Short Palindromic Repeats", ich schätze aber, dass es für Sie in Ordnung ist, wenn ich das Wort mit der Abkürzung „CRISPR" verwende. CRISPR kann in nahezu jeder lebenden Zelle verwendet werden und könnte uns dabei helfen, Aids, Krebs und Erbkrankheiten vollständig auszulöschen. Das CRISPR-Verfahren gehört zu dem Überbegriff „Genome Editing". In Deutschland verwendet man dafür auch oft den Begriff „Gen-Schere". Im Jahr 2020 erhielten Jennifer A. Doudna und Emmanuelle Charpentier sogar einen Nobelpreis für die Entwicklung von CRISPR. Jennifer Doudna veröffentlichte sogar ein Buch über die CRISPR-Technologie, in dem sie beantwortet, wie diese genutzt werden kann.[3]

Um das CRISPR-Verfahren zu verwenden, muss man die DNA erst schneiden. Dafür muss die Stelle gefunden werden, bei der die Änderung durchgeführt werden soll. Das ist schwer, da ein Genom aus Milliarden von DNA-Bausteinen besteht. Um diese Stelle ausfindig zu machen, wird eine „Sonde" verwendet. Nachdem die Sonde die gesuchte Stelle gefunden hat, wird eine molekulare „Schere" verwendet, um den DNA-Doppelstrang durchzuschneiden. Daraufhin wird ein zelleigenes Reparatursystem „gestartet", durch das der zerschnittene DNA-Doppelstrang wieder hergestellt wird, allerdings mit Fehlern, wodurch das Gen blockiert wird. Dadurch können verschiedene Krankheiten geheilt werden, die mit herkömmlichen Therapien nicht oder nur schwer abgebremst werden können.

Forscher konnten menschliche Gene bereits so verändern, dass sie immun gegen HIV sind. Es ist auch möglich, Blut-Erkrankungen zu behandeln oder Schweine zu züchten, durch die man Organe erhält, die für Transplantationen geeignet sind. Dennoch muss weiter an der CRISPR-Technologie geforscht werden, um Folgen ausschließen zu können. Zu diesen Folgen gehört beispielsweise der „off-target"-Effekt, durch den Krebs entstehen kann, wenn sich Gene verändern, die sich gar nicht verändern sollen.

Allerdings besitzt Genome-Editing weniger Risiken als die Gentechnik. Es werden zwar bei beiden Verfahren Gene verändert, aber nur bei der CRISPR-Technologie sind diese Veränderungen im Einzelnen bekannt. Schneidet man eine Pflanze auf, um diese zu editieren, kann es zwar passieren, dass man sie an einer falschen Stelle aufschneidet - zu großen Komplikationen kommt es dadurch jedoch nicht. Im Gegensatz dazu ist es bei der Gentechnik zufällig, wo das neue Gen integriert wird, wodurch Gen-Funktionen beeinträchtigt werden könnten.

Mit Hilfe von CRISPR ist es allerdings auch möglich sogenannte „Designer-Babys" zu erschaffen. Bei einem Designer-Baby wurde die genetische Ausstattung verändert, um beispielsweise Gene zu entfernen, die zu einer Krankheit führen. Der Eingriff in die genetische Ausstattung eines Menschen wirft viele ethische Fragen auf, weshalb viele Forscher vor dieser Anwendung warnen.

Bereits jetzt forschen viele Wissenschaftler auf der gesamten Welt an der CRISPR-Technologie, um Krankheitsmechanismen zu verstehen und neue Anwendungsmöglichkeiten zu finden. Die CRISPR-Technologie hat das Potenzial, die Welt zu verändern und Krankheiten, die bisher oft tödlich verliefen, auszurotten, wodurch die Lebensqualität der Menschen stark steigen wird.

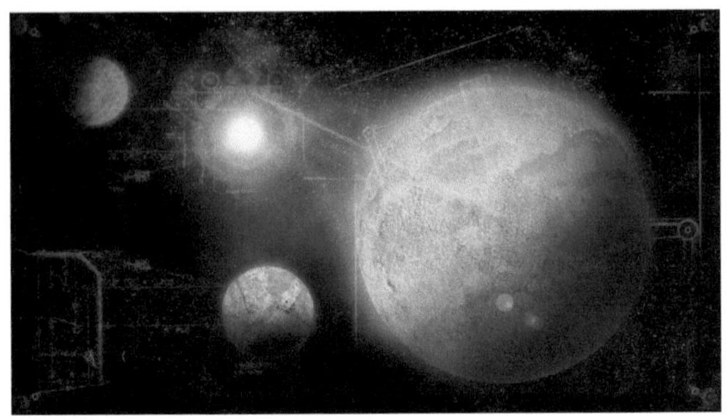

DIE FERNE ZUKUNFT

In den vorherigen Kapiteln habe ich Ihnen nun die wichtigsten Innovationen und Technologien der Digitalisierung vorgestellt. Jedes vorgestellte Thema wird in der Zukunft eine Rolle spielen und unsere Welt maßgeblich beeinflussen. Dennoch sind alle der angesprochenen Themen im Entwicklungsprozess vorangeschritten und zu Teilen nutzbar. Zu vielen Themen konnte ich erste

Praxisbeispiele anführen, bei denen neue Technologien bereits Anwendung in der Realität finden konnten. In den nächsten Kapiteln möchte ich daher Innovationen und Technologien ansprechen, die erst im Anfangsstadium der Entwicklung stehen oder noch gar nicht in der Entwicklungsphase angekommen sind. Einen Fokus möchte ich auf die Themen Quantencomputer, Brain-Computer-Interface und Kernfusion legen.

Quantencomputer

Einen Quantencomputer mit einem herkömmlichen Computer zu vergleichen, den man zu Hause nutzt, ist wie, wenn man einen Opel Corsa mit einem Lamborghini Urus vergleicht. Die Leistungsfähigkeit von Quantencomputern ist nämlich sehr viel höher als die von herkömmlichen Heim-PCs. Das Merkmal, dass ein Quantencomputer so viel leistungsfähiger macht, ist die Nutzung von Qubits statt Bits. Bits können nur zwei Zustände annehmen, nämlich entweder eine 0 oder eine 1. Qubits können neben den zwei Zuständen 0 und 1 jedoch auch gleichzeitig den Zustand 0 und 1 annehmen. Des Weiteren ist es möglich, dass ein Qubit unendlich viele Zustände zwischen 0 und 1 annimmt.

Um die vier Zahlen 0, 1, 2 und 3 darzustellen, benötigt ein Computer 2 Bits. Durch die beiden Bits 0 und 0 ergibt sich die Zahl 0. Durch 0 und 1 ergibt sich die Zahl 1, durch 1 und 0 die Zahl 2 und durch 1 und 1 die Zahl 3. Bei einem Quantencomputer wird jedoch nur ein Qubit benötigt, um die vier Zahlen darstellen zu können. Dadurch ist ein Quantencomputer viel effizienter als ein herkömmlicher Heim-PC. Dieser Vorteil wächst zudem exponentiell an, wodurch ein Quantencomputer in der Lage sein wird, Aufgaben zu lösen, die mit herkömmlichen Heim-PCs nicht berechnet werden können. Des Weiteren können große Datenbanken mit Hilfe von Quantencomputern schneller durchsucht werden – eine nützliche Funktion in Zeiten von Big Data.

Dass der Quantencomputer eine wichtige Technologie ist, hat auch die Politik verstanden. Aus diesem Grund stellte die Bundesregierung ein Fördergeld in Höhe von fast zwei Milliarden Euro bereit, durch das die Entwicklung von Quantencomputern vorangetrieben werden soll. Ziel der Investition ist es, bis 2026 einen Quantencomputer zu bauen und Anwendungen für den Quantencomputer zu erschaffen. Des Weiteren soll es Unternehmen möglich gemacht werden, den Quantencomputer zu testen, um mögliche Anwendungsfelder zu identifizieren. Das Deutsche Zentrum für Luft- und Raumfahrt erhält 740 Millionen Euro des Förderbetrags, um zwei Einrichtungen aufzubauen, in denen ein Quantencomputer, sowie Software bereitgestellt werden.

Ein Anwendungsgebiet für den Quantencomputer gibt es beispielsweise in der Erforschung und Simulierung von Wechselwirkungen von Molekülen. Dadurch wird es möglich sein, neue Medikamente zu entwickeln. Des Weiteren können Quantencomputer Big Data und KI verwenden, um bessere Vorhersagen, wie über das Wetter, aber auch über Krankheiten, zu machen. Außerdem könnte der Quantencomputer die Mobilität verbessern. BMW möchte den Quantencomputer beispielsweise nutzen, um die Produktion zu optimieren. Volkswagen möchte die Quantencomputer-Technologie hingegen verwenden, um eine intelligente Lösung zur Verkehrsoptimierung zu finden. Durch die schnellen Berechnungen des Quantencomputers wird es möglich sein, Daten zu analysieren, um in Echtzeit die beste Route zu berechnen.

Dennoch ist es zurzeit noch schwierig, einen funktionierenden Quantencomputer zu bauen, da sich die Teilchen in dem Computer nicht bewegen dürfen. Aus diesem Grund ist es notwendig, die Chips auf knapp minus 273 Grad Celsius, die tiefst mögliche Temperatur, abzukühlen. Dafür sind große Kühlmaschinen notwendig. Des Weiteren müssen die Qubits vor äußeren Einflüssen geschützt werden, um den Quantenzustand nicht zu zerstören.

Einen leistungsstarken Quantencomputer wird es voraussichtlich frühestens im Jahr 2030 geben. Manche Forscher sind sogar der Meinung, dass es erst viel später einen Quantencomputer geben wird, der hochkomplexe Anwendungen ausführen kann. Bis Quantencomputer frei programmierbar sind, wird es nötig sein, Quantencomputer mit herkömmlichen Computern zu verknüpfen, um Probleme lösen zu können. Der Nachteil ist, dass die Systeme, durch die Kopplung der beiden Computer, weniger flexibel sind als ein reiner Quantencomputer. Dennoch ist das Potenzial der

Quantencomputer enorm und wird uns in jedem Lebensbereich nützlich sein und Auswirkungen auf unsere Industrie haben.

Brain-Computer-Interfaces

Während Quantencomputer bereits in der Entwicklung sind und teilweise genutzt werden können, klingt die „Brain-Computer-Interface"-Technologie eher nach Science-Fiction. Das Brain-Computer-Interface (deutsch: Gehirn-Computer-Schnittstelle) ist eine Schnittstelle zwischen einem Menschen und einer Maschine. Die Verbindung zwischen dem Menschen und der Maschine wird über das zentrale Nervensystem, beispielsweise über das Gehirn, hergestellt. Des Weiteren basiert das Brain-Computer-Interface auf der Annahme, dass gedankliche Vorstellungen dazu ausreichen, eine Veränderung in der Hirnaktivität auszulösen. Sollte man beispielsweise die Vorstellung haben, dass man seine Hand heben möchte, wird diese Vorstellung an das Gehirn weitergegeben. Diese Veränderung in der Hirnaktivität wird analysiert und als Befehl an beispielsweise einen Roboterarm weitergeleitet, der daraufhin die Hand hebt. Da die Bewegung ohne die Betätigung eines Muskels ausgeführt wird, eröffnen Brain-Computer-Interfaces eine revolutionäre Möglichkeit, Maschinen zu steuern.

Im Vergleich zu Steuerinstrumenten, die wir heute benutzen, bieten Gehirn-Computer-Schnittstellen noch keine Vorteile für den Großteil der Menschen. Die Leistungsfähigkeit eines Menschen könnte durch die Benutzung sogar eingeschränkt werden. Die Kopplung von Gehirn und Computer hat jedoch Vorteile für körperlich behinderte Menschen. Durch das Lesen der Hirnaktivität der Patienten, wird es künftig möglich sein, gelähmten Menschen mehr Autonomie zu verschaffen. Vorteile bietet die Technologie auch Personen, die an Amyotropher Lateralsklerose (ALS) erkrankt sind.

Personen, die an ALS erkranken, leiden unter Artikulationsschwierigkeiten. Durch Brain-Computer-Interfaces wird es möglich sein, virtuelle Schreibmaschinen mit Gedanken zu steuern, wodurch eine bessere Kommunikation mit anderen Menschen möglich ist.

Eines der bekanntesten Startups, das im Bereich der Neurotechnologie forscht, ist Neuralink. Das Unternehmen wurde 2016 von Elon Musk gegründet und hat das Ziel, eine Schnittstelle zu schaffen, durch die das Gehirn mit künstlicher Intelligenz verbunden wird. Mehr Informationen zu Elon Musk und seinen Unternehmen wird es in dem nächsten Kapitel geben.

Auch außerhalb der Medizin wird es Anwendungsmöglichkeiten für die Mensch-Maschinen-Schnittstelle geben. Dennoch hat die Methode, wie bereits erwähnt, eine große Hürde, da sie direkt in das Gehirn implantiert werden muss. Aus diesem

Grund ist die Anwendung von Brain-Computer-Interfaces noch auf kontrollierte Studien beschränkt. In einem gewissen Umfang ist es durch die Technologie möglich, den Menschen technisch zu manipulieren. Bis wir die Technologie großflächig verwenden können, wird es daher nötig sein, grundlegende ethische Fragen zu beantworten. Der Fortschritt in dem Bereich der Brain-Computer-Interfaces wird in den nächsten Jahren, auch aufgrund hoher Fördermaßnahmen in die Grundlagenforschung, dennoch stark ansteigen. Dadurch wird es langfristig möglich sein, eine Hirn-zu-Hirn-Kommunikation zu verwenden, wodurch die Grenzen zwischen den Menschen und Maschinen verwischt werden. Dennoch ist auch die gesellschaftliche Akzeptanz von Bedeutung, da sich die Technologie nur durchsetzen wird, wenn viele Menschen dazu bereit sind, diese zu nutzen.

Kernfusion

Stephen Hawking, einer der bekanntesten Physiker und Astrophysiker der Welt, beschrieb in einem seiner Bücher, dass die Kernenergie eine „praktische Energiequelle" ist, durch die wir einen „unerschöpflichen Vorrat an Energie" bekommen würden und das ganz „ohne Luftverschmutzung und Klimaerwärmung".[4] Die Kernfusion könnte also ein wichtiges Instrument im Kampf gegen den Klimawandel sein. Aber was genau ist die Kernfusion überhaupt?

Als Kernfusion werden Kernreaktionen bezeichnet, durch die es eine Verschmelzung zweier Atomkerne gibt. Die Kernfusion ist also das komplette Gegenteil von herkömmlichen Kernkraftwerken, in denen Atomkerne gespalten werden, um Energie zu gewinnen. Könnten wir diese Reaktionen auf der Erde durchführen, hätten wir einen großen Vorrat an Energie, ohne Treibhausgase zu produzieren. Ein weiterer Vorteil der Kernfusion ist der

Rohstoff, der für den Prozess verwendet wird: Lithium. Der Rohstoff Lithium ist auf unserem Planeten in großen Mengen vorhanden, wodurch der Betrieb des Fusionskraftwerks gesichert ist. Außerdem entstehen durch den Prozess keine gefährlichen Materialien, die unserer Umwelt oder unserer Gesundheit nachhaltig schaden können. Die einzigen Teile, die in einem Fusionsreaktor gesundheitsschädlich sind, sind die radioaktiven technischen Installationen. Im Gegensatz zu Atomkraftwerken ist die Strahlung aber viel schwächer, da die Radioaktivität im Reaktorinnenraum lokalisiert ist. Außerdem hält die Radioaktivität nur knapp 100 Jahre an – ein Bruchteil der Zeit, die Abfälle von Atomkraftwerken radioaktiv sind. Dadurch löst sich gleichzeitig das Problem, ein Lager finden zu müssen, in dem radioaktive Materialien gelagert werden.

Nun klingt die Durchführung des Prozesses erst einmal sehr einfach, dennoch gibt es große

Herausforderungen, die noch gelöst werden müssen. Das Problem liegt darin, dass der Fusionsprozess erst bei Temperaturen von über 100 Millionen Grad einsetzt. Da es keine Materialien gibt, die Temperaturen in dieser Höhe aushalten, ist es nötig, den Kernbrennstoff in einem Magnetfeld schweben zu lassen, ohne dass der Kernbrennstoff die Wände berührt.

Aufgrund verschiedener Erfolge und ersten Beweisen, dass Kernfusion grundsätzlich möglich ist, wurde die „ITER-Organisation" gegründet. Die Organisation ist ein Zusammenschluss verschiedener Länder, die alle das Ziel haben, einen Versuchsreaktor zu bauen, um die technische Machbarkeit der Energiegewinnung zu beweisen. Globale Zusammenarbeiten sind in diesem Bereich besonders wichtig, um Grundlagenforschung kosteneffizienter zu betreiben und schnell zu agieren, um die Entwicklung voranzutreiben. Sollte es uns möglich sein,

Energie aus Fusionskraftwerken zu erhalten, wäre das ein großer Meilenstein in dem weltweiten Kampf gegen den Klimawandel. Durch Kernenergie wären wir nicht mehr weiter auf umweltschädliche Kohlekraftwerke angewiesen, hätten aber auch keine Abhängigkeiten von beispielsweise Wind oder Sonne, wie es bei erneuerbaren Energien der Fall ist.

DIE VISION VON ELON MUSK

Manche lieben ihn, manche hassen ihn. Es handelt sich um niemand geringeren als „Technoking" Elon Musk. Den Titel Technoking hat sich Elon Musk selbst ausgedacht und über die US-Börsenaufsicht offiziell anmelden lassen. Aber wer ist eigentlich diese Person, die anscheinend einen großen Teil der Zeit damit füllt, sich neue Scherze und Provokationen einfallen zu lassen?

Elon Musk ist 1971 in Südafrika geboren und ist in den USA als Unternehmer tätig. Durch seine Unternehmen, darunter Tesla, SpaceX und The Boring Company, wurde Elon Musk zu dem reichsten Menschen der Welt. Bereits im Alter von zwölf programmierte Musk ein eigenes Videospiel mit dem Namen „Blastar", um es anschließend für 500 US-Dollar zu verkaufen. In den folgenden Kapiteln werde ich Ihnen die wichtigsten Unternehmen, die Elon Musk aufgebaut hat, vorstellen. Elon Musk ist nämlich ein Vorzeigebeispiel für einen Unternehmer, der versucht, die Zukunft vorauszusagen, um Trends zu entdecken, die er für neue Innovationen nutzen kann. Durch Tesla und weitere Unternehmen, wie beispielsweise Neuralink, nutzt Musk die Technologien der Digitalisierung, um neue Produkte und Services anbieten zu können.

Tesla

Das bekannteste Unternehmen, das Elon Musk gegründet hat, ist Tesla. Tesla produziert Elektroautos und seit kurzem auch Batteriespeicher und Photovoltaikanlagen. Auf der offiziellen Homepage von Tesla wird die Mission „Die Beschleunigung des Übergangs zu nachhaltiger Energie" genannt.[5] Sollte es möglich sein, die erneuerbaren Energien auszubauen, um damit einen Großteil der Elektroautos von Tesla zu betreiben, wird das ein großer Fortschritt sein, um CO_2-Emissionen weltweit einsparen zu können.

Zurzeit bietet Tesla vier Automodelle an: Das Model S, Model 3, Model X und Model Y. Ein kleiner Funfact nebenbei: selbst hinter der Namensgebung der Automodelle steckt ein Wortspiel. Die Bezeichnungen der vier Autos ergeben zusammen das Wort „SEXY", beziehungsweise „S3XY". Die Zahl 3 wird jedoch häufig für den Buchstaben „E" verwendet. Musk konnte das Model 3 leider nicht Model E nennen, da Ford die Namensrechte am Model E hat und diese auch nicht hergeben wollte.

Das Model 3 ist das Einsteiger-Auto von Tesla und dadurch auch das meistgekaufte Auto der Marke Tesla. Mit einem Absatz von knapp 386.000 Autos im ersten Halbjahr von 2021, sind die Autos von Tesla die meistverkauften Elektroautos auf dem Markt. Auf dem zweiten Platz liegt Volkswagen mit 332.000 Einheiten, wovon knapp 159.000 Autos keine reinen Elektroautos, sondern sogenannte „Plug-in-Hybride", also Autos mit einem Akku, aber auch einem Verbrennungsmotor, sind.

In der Zukunft möchte Tesla noch weitere Automodelle herstellen. Zwei weitere Modelle wurden bereits vorgestellt: Der Tesla Semi und der Tesla Cybertruck. Bei dem Tesla Semi handelt es sich um einen elektrischen LKW, der ohne Beladung innerhalb von fünf Sekunden auf 100km/h beschleunigen kann. Sollte es Tesla schaffen, den Tesla Semi als Konkurrenz zu herkömmlichen LKWs einzuführen, wäre das ein großer Schritt, um die Mobilität nachhaltiger zu gestalten, da LKWs für einen großen Teil der CO2-Emissionen auf den Straßen verantwortlich sind. Der Cybertruck ist hingegen ein eher futuristischer Pickup-Truck. Beide Automodelle sollten eigentlich schon ausgeliefert werden, wurden allerdings aufgrund von Problemen in der Produktion in die Zukunft verschoben.

Tesla stand in der Vergangenheit oft in der Kritik. Einerseits wurden die stressigen Arbeitsbedingungen bemängelt, andererseits auch Probleme mit dem Tesla Autopilot, durch den es mehrfach zu Unfällen kam. Bei letzterem betonte Tesla, dass die Autopilot-Funktion nicht unfehlbar ist. Aus diesem Grund ist es auch gesetzlich vorgeschrieben, dass der Fahrer die Kontrolle über das Fahrzeug behalten müsse, um in einer Notfallsituation eingreifen zu können. Des Weiteren wurde 2017 eine Studie veröffentlicht, die bemängelt, dass durch ein Tesla-Auto mehr CO-2-Emissionen ausgestoßen werden, als durch herkömmliche Verbrenner-Fahrzeuge. Die Studie verglich jedoch nur die CO2-Emissionen, die während der Produktion des Autos ausgestoßen werden. Da die Gigafactory, der Standort, in dem die Autos von Tesla produziert werden, vollständig auf erneuerbare Energien setzt, ist der gesamte Wertschöpfungsprozess eines Tesla Autos umweltfreundlicher, als der eines herkömmlichen Autos.

SpaceX und Starlink

Das nächste Unternehmen, das ich vorstellen möchte, ist SpaceX. SpaceX ist, genauso wie Tesla, ein Unternehmen, um die Mobilität zu verbessern. Im Gegensatz zu Tesla produziert SpaceX allerdings keine Elektroautos, sondern Raketen. Gegründet wurde es 2002 mit Hilfe des Kapitals, das Elon Musk durch den Verkauf von PayPal erhalten hat.

Das Ziel von SpaceX ist die Kolonialisierung des Planeten Mars, sowie die Verbreitung von Leben auf anderen Planeten außerhalb der Erde. Um dieses Ziel zu erreichen sind günstige Raumflüge nötig, die man nur durch das Recycling von bereits genutzten Raketen erzielen kann. Nach einigen Fehlschlägen mit der ersten Rakete „Falcon 1" schaffte es SpaceX, einen Vertrag mit der Raumfahrtorganisation NASA zu schließen. SpaceX sollte zwölf Transporte zur Internationalen Raumstation „ISS" durchführen. Im Gegenzug erhielt SpaceX rund 1,4 Milliarden Euro.

Mit der Rakete „Falcon 9" befördert SpaceX Raumkapseln zur ISS. Die Rakete ist zum Teil wiederverwendbar, was die Raumfahrt-Kosten senkt. Die Rakete besteht aus zwei Stufen. Die erste Stufe wird während des Flugs von der zweiten abgekoppelt, um wieder auf der Erde zu landen. Die bereits genutzte erste Stufe kann in den nächsten Flügen wiederverwendet werden.

Des Weiteren werden mit der Rakete Falcon 9 auch Satelliten ins All befördert. Unter dem Namen „Starlink" gründete Musk nämlich ein Unternehmen, das durch ein Satellitennetzwerk einen weltweiten Internetzugang anbieten soll. Insgesamt sollen mehrere tausend Satelliten in der Erdumlaufbahn in einer Höhe von 340 bis 1325 Kilometer kreisen. Profitieren können vor allem Menschen, die an einem Ort leben, an dem der Internetzugang unzuverlässig oder nicht vorhanden ist. Aufgrund der vielen Satelliten in der Erdumlaufbahn wird Starlink jedoch von vielen Experten kritisiert. Durch die Kollision von Satelliten kommt es zur Entstehung von Weltraumschrott. Aus diesem Grund fordern Experten, dass die Starlink-Satelliten genug Treibstoff besitzen, um sie nach ihrer Nutzungsdauer aus der Erdumlaufbahn zu bewegen.

Hyperloop

Ein weiteres Unternehmen, dass die Mobilität verändern könnte, ist Hyperloop. Ein Hyperloop besteht aus einer langen Röhre, durch die sich sogenannte „Pods", eine Art Fahrzeug, bewegen. In der Röhre des Hyperloops wird ein Magnetfeld erzeugt, dass die Pods durch die Röhre saugt. Diese Pods bewegen sich so schnell durch die Röhren, dass Geschwindigkeiten von bis zu 1200km/h erreicht werden können. Die Schallgeschwindigkeit liegt mit 1235,5km/h nur knapp über den Höchstgeschwindigkeiten des Hyperloops, wodurch sich die Pods schneller bewegen können als ein Passagierflugzeug.

Bereits im Jahr 2016 gab es öffentliche Tests, bei denen gezeigt wurde, dass ein Pod innerhalb einer Sekunde auf rund 160 km/h beschleunigt werden kann. Durch Verbindungen von verschiedenen Stadtzentren, wird es möglich sein, die schnellen Geschwindigkeiten zu nutzen, um die Reisezeit erheblich verkürzen zu können. Besonders in Großstädten kann die Mobilität durch Hyperloops effizienter gesteuert werden, da die Infrastruktur in der Zukunft zu schwach sein wird, um alle Fahrzeuge über herkömmliche Straßen zu befördern. Des Weiteren ist der gesamte Betrieb der Hyperloops elektrisch, wodurch die Umwelt weniger stark belastet wird. Anfangs soll der Hyperloop jedoch nur zur Beförderung von Waren genutzt werden. Im späteren Verlauf wird es auch möglich sein, Personen zu befördern.

Um die Entwicklung von Hyperloop zu beschleunigen, veranstaltete Elon Musk von 2015 bis 2019 jährlich eine „Hyperloop Pod Competition". Bei diesem Wettbewerb konnten Teams ihre Prototypen vorstellen, um die Machbarkeit des Hyperloop-Konzepts nachzuweisen. Obwohl der Wettbewerb in den USA stattfand, können Wettbewerber aus allen Ländern teilnehmen. Das Team TUM

Hyperloop, das aus Studenten der technischen Universität München besteht, gewann alle vier Wettbewerbe der Hyperloop Pod Competition. Bei dem letzten Wettbewerb erreichte der Pod eine Höchstgeschwindigkeit von über 460 km/h.

Im Jahr 2021 wurde der Wettbewerb durch einen „Tunnelbohrwettbewerb" ersetzt, bei dem die Teams so schnell und präzise wie möglich und unter gewissen Vorgaben, einen Tunnel bauen mussten.

In der Kritik steht das Hyperloop-System, da die Umsetzung teuer sein wird und technische Probleme noch nicht gelöst werden konnten. Es gibt noch keine Lösungen für die Evakuation der Passagiere bei Notfällen, wie beispielsweise Erdbeben. Zudem gibt es noch weitere Herausforderungen, wie beispielsweise die Energieversorgung des Pods während der Fahrt.

Neuralink

Das letzte Unternehmen von Elon Musk, das ich vorstellen möchte, ist das bereits erwähnte Unternehmen „Neuralink", das 2016 gegründet wurde. Neuralink verwendet die Technologie des „Brain-Computer-Interface", um ein Gerät zu entwickeln, das zwischen unserem Gehirn und einem Computer kommunizieren kann. Realisiert werden soll Neuralink durch die Nutzung von Elektroden, die in das Gehirn implantiert werden. Das Ziel von Neuralink ist die Behandlung von schweren Erkrankungen des Gehirns. Ein langfristiges Ziel ist die Nutzung des Brain-Computer-Interface, um den menschlichen Körper zu erweitern.

Die Technologie hinter Neuralink wurde schon so weit entwickelt, dass es möglich war, erste Versuche an Affen durchzuführen. Dem Affen, der den Namen „Pager" trägt, wurde ein Chip ins Gehirn implementiert. In einem von Neuralink veröffentlichten Video, wurde gezeigt, wie Pager ein Videospiel über einen Joystick steuerte. Mit Hilfe des Joysticks sollte der Affe eine kleine Kugel in ein, sich bewegendes, Viereck manövrieren. Sobald die Kugel in dem Viereck positioniert war, erhielt Pager eine Belohnung in Form von Bananen-Smoothies. Während des Prozesses wurden die Gehirnaktivitäten von Pager aufgezeichnet, um sie mit den Handbewegungen von Pager zu vergleichen. Das Ergebnis der Analyse konnte im nächsten Abschnitt dafür genutzt werden, das Videospiel weiterzuspielen – allerdings ohne die Benutzung eines Joysticks. Die Gehirnsignale von Pager reichten aus, um die Kugel in das Viereck zu bewegen. Die gleiche Technologie könnte in der Zukunft auch an Menschen ausgetestet werden.

Der Visionär Elon Musk

Eine Gemeinsamkeit, die fast alle Unternehmen von Elon Musk besitzen, ist die

Pionierstrategie, die Sie vielleicht aus dem Bereich Marketing kennen. Sowohl das Elektroauto von Tesla, als auch sämtliche Produkte der Unternehmen Hyperloop und Neuralink, sind neuartig und innovativ. In vielen Situationen musste Elon Musk seiner Vision vertrauen und risikoreiche Entscheidungen treffen, um Unternehmen aufzubauen, die Produkte herstellen, die es noch nie auf dem Markt gab. Auch das Elektroauto mit einem Batteriesystem aus Lithium-Ionen-Zellen war ein Nischenprodukt, bis es in großen Stückzahlen durch Tesla hergestellt wurde. Heute sind Elektroautos sehr begehrt und die Absatzzahlen von Tesla steigen immer weiter an. Aus diesem Grund ist Elon Musk ein Vorbild für viele Menschen. Er trifft eine Entscheidung nicht nur basierend auf Fakten, sondern auch basierend auf seiner Vision und seinem Blick in die Zukunft.

Meiner Meinung nach ist es wichtig, Menschen in verschiedenen Bereichen, beispielsweise

Informatik und Ingenieurswissenschaften, auszubilden, um Innovationen und Technologien weiterzuentwickeln. Andererseits sind Menschen, die auf die Innovationen gekommen sind, mindestens genauso wichtig. Manche Menschen stehen Elon Musk – in manchen Bereichen vielleicht sogar zurecht - eher kritisch gegenüber. Dennoch bin ich der Meinung, dass wir mehr Personen benötigen, die wie Elon Musk denken, um weitere Ideen und Erfindungen zu ergründen. Selbst wenn nur ein Unternehmen von Elon Musk langfristig erfolgreich sein sollte, könnte genau dieses eine Unternehmen einen Bereich unseres Lebens nachhaltig verändern.

FACEBOOK METAVERSE

Im Oktober 2021 verkündete der Facebook-Konzern die Namensumbenennung in „Meta". Die Produkte, die Meta bis jetzt veröffentlicht hat, habe ich bereits am Anfang des Buches erklärt. Nun präsentiere ich Ihnen die Zukunft von Meta: das Metaverse. Das Metaverse ist ein virtueller Raum, der durch eine Augmented Reality

Brille betreten werden kann. Das Metaverse verbindet also die reale Welt mit der virtuellen Welt, in Form einer Online-Welt. Im Metaverse wird es möglich sein, virtuelle Konzerte zu besuchen oder mit Freunden Spiele zu spielen. Die Interaktionen in der virtuellen Welt basieren auf verschiedenen Steuerungen, die eine Person in der realen Welt ausführt. Dazu gehören beispielsweise Handbewegungen und die Steuerung per Sprache. Das Ziel ist es, die echte mit der virtuellen Realität verschwimmen zu lassen, um alle Tätigkeiten, die man bisher in der Realität durchgeführt hat, virtuell durchführen zu können.

Marc Zuckerberg, der Gründer von Meta, hat das Ziel, dass bis 2030 eine Milliarde Nutzer die virtuelle Welt betreten, um dadurch hunderte von Millionen Euro zu verdienen. Geld kann Meta unter anderem durch den Verkauf von virtuellen Gegenständen erzielen. Man kann sich beispielsweise

Klamotten und Accessoires kaufen, um diese bei virtuellen Konferenzen zu tragen. Zuckerberg sprach auf der Ankündigungsveranstaltung sogar von einer Art „Teleportation", da man durch einen Klick von einem Raum in einen anderen „gebeamt" werden kann. Meta schafft also das, was in der physischen Welt nicht möglich ist und vielleicht auch niemals möglich sein wird.

Ich sehe diese Entwicklung – ähnlich wie viele andere Menschen – eher negativ. Meta wird den Plan haben, eine Monopolstellung, ähnlich wie bei den sozialen Netzwerken, aufzubauen. Sollte das Metaverse erfolgreich sein, bedeutet das, dass Meta unser „virtuelles Leben" gestalten kann. Ich bin mir persönlich nicht sicher, ob ein Unternehmen, das zurzeit Probleme mit Desinformation und extremistischen Inhalten hat, unser Leben mitbestimmen sollte – selbst wenn es nur unser „virtuelles" Leben ist.

Vielleicht sind Sie der Meinung, dass das Metaverse nur eine virtuelle Plattform sein wird, auf der Sie, ähnlich wie in Videospielen, eine gewisse Zeit verbringen können, um Spaß zu haben, um kurz aus der Realität zu entschwinden. Meine Prognose ist jedoch, dass Metaverse viel mehr als nur eine virtuelle Plattform sein wird. Ich denke, dass es in der Zukunft einen Moment geben wird, in dem das digitale Leben gleichbedeutend mit dem realen Leben wird. Ähnlich wie die Einführung eines Smartphones oder des Internets wird der Prozess langsam voranschreiten – aber er wird voranschreiten. Bevor Smartphones und Personal Computer erfunden wurden, lief jede Kommunikation in physischer Form ab. Danach lief ein Großteil der Kommunikation über soziale Netzwerke und Messenger ab. Vielleicht wird es mit Metaverse das Gleiche sein?

Des Weiteren werden alle Tätigkeiten, die wir in unserem realen Leben durchführen, auch virtuell durchführbar sein: das Arbeiten mit Kollegen, das Spielen von Videospielen und das Treffen mit Familienmitgliedern und Freunden.

Das ist natürlich nur eine Prognose, die nicht auf Fakten aufgebaut ist. Auch ich kann nicht in die Zukunft schauen. Dennoch ist es meiner Meinung nach wichtig, Technologien und Services zu diskutieren, obwohl diese vielleicht noch mehrere Jahrzehnte entfernt sind, da es dann vielleicht schon zu spät ist. Ich beobachte die Entwicklung, die durch das Metaverse vorangetrieben wird, mit Vorsicht, wenn auch ich sie für sehr interessant erachte.

DAS „SOCIAL-CREDIT-SYSTEM"

Das Social-Credit-System ist ein Ranking von China, durch das die Bevölkerung kontrolliert werden soll. Durch die Nutzung von Kameras und Sensoren, wird das Verhalten der Bevölkerung bewertet. Verhält sich eine Person so, wie es die Kommunistische Partei Chinas

(KP) möchte, erhält sie Punkte. Bei negativem Verhalten verliert die Person Punkte. Um das Verhalten bewerten zu können, werden die Überwachungskameras überprüft, um das Verhalten von Privatpersonen, aber auch von Unternehmen, zu analysieren. Des Weiteren werden weitere Quellen, wie beispielsweise Strafregister, Kreditbewertungen, Schulzeugnisse oder Internetsuchanfragen verwendet, insofern sie der Regierung vorliegen – und das tun sie in den meisten Fällen.

Die Punkte erhält jede Person auf einem digitalen Punktekonto. Da die KP festlegt, welches Verhalten gut oder schlecht ist, kann die Partei Menschen bestrafen, die negativ zur KP eingestellt sind. Menschen, die sich in sozialen Netzwerken negativ über die Politik der KP äußern, könnten durch das Social-Credit-System bestraft werden, währenddessen Personen, die sich positiv zur KP äußern, Belohnungen erhalten könnten.

Das Social-Credit-System ist noch nicht chinaweit eingeführt. In Rongcheng gab es jedoch bereits erste Tests. Personen, die anderen Menschen halfen, erhielten Punkte, Menschen, die mit einer Person Streit anfingen, verloren Punkte. Aufgezeichnet werden die Situationen, wie bereits erwähnt, mit Überwachungskameras. Durch eine automatische Gesichtserkennung können die Menschen identifiziert werden, um dadurch die Punkte für ihr digitales Konto zu erhalten.

Chinaweit eingeführt ist jedoch ein ähnliches System. Im Gegensatz zu dem geplanten Social-Credit-System zielt das chinaweite System bisher nur auf Belohnungen ab, nicht aber auf Strafen. Das Social-Credit-System wird in der Zukunft aber weiter ausgebaut werden, um es mit dem bisherigen chinaweiten System austauschen zu können.

Aber welche Vorteile erhalten Personen, die einen hohen Punktestand haben, beziehungsweise

welche Nachteile müssen Personen mit einem niedrigen Punktestand befürchten? Personen, die einen
hohen Punktestand besitzen, erhalten Services, wie
die Nutzung von öffentlichen Verkehrsmitteln oder
das Leihen von Autos und Fahrrädern, günstiger.
Des Weiteren erhalten Sie einen Vorrang bei der
Vergabe von Schul- und Arbeitsplätzen und müssen
in öffentlichen Einrichtungen kürzer warten als Personen, die eine niedrigere Punktzahl haben. Personen, die einen niedrigeren Punktestand besitzen, erhalten einen eingeschränkten Zugang zu öffentlichen Dienstleistungen, Privatschulen und verschiedenen Jobs. Zudem können Personen mit einem
niedrigen Punktestand keine Flüge und Schnellzüge
buchen und nur geringe Kredite erhalten. Des Weiteren gibt es eine sogenannte „Schwarze Liste", auf
der Informationen über Bürger veröffentlicht werden, die sich nicht korrekt verhalten haben. Durch
die Veröffentlichung des Namens und der ID-

Nummer der Person, werden sich viele Privatpersonen und Unternehmen von der Person distanzieren, um nicht selbst Punkte durch den Kontakt zu dieser Person zu verlieren.

Ich bin mir sicher, dass es eine große Empörung geben würde, wenn dieses System auch in Deutschland eingeführt wird. In China gibt es jedoch keine Ablehnung des Systems – ganz im Gegenteil – über zwei Drittel der Chinesen stehen dem Social-Credit-System positiv gegenüber. Wichtig bei der Interpretation der Ergebnisse ist, dass viele Befragte möglicherweise keine Kritik an dem System ausüben wollten, da Sie Angst vor Konsequenzen durch die chinesische Regierung haben. Dennoch resultierte auch aus persönlichen Interviews das Ergebnis, dass die Meinung gegenüber dem Social-Credit-System eher positiv ist. Der Grund, warum viele Chinesen positiv zu dem System eingestellt sind, könnte an der mangelhaften Durchsetzung von Gesetzen in China liegen, sowie an dem unterentwickelten Kreditauskunftssystem. Durch das Social-Credit-System wird es nicht mehr möglich sein, Menschen zu betrügen, da die Person ansonsten langfristige Konsequenzen erwarten muss. Dadurch müssen sich Chinesen weniger Sorgen über Internetbetrüger oder gesundheitsschädliche Produkte machen.

Ich habe dem Social-Credit-System ein eigenes Kapitel gewidmet, um Ihnen Entwicklungen der Digitalisierung zu zeigen, die für die westliche Welt eher beängstigend als hilfreich sind. Die Konsequenzen der Digitalisierung sind nicht immer nur positiv, sondern im Falle eines Social-Credit-Systems auch negativ, da jede Person zu jeder Zeit überwacht wird. In China sind die Bewertungen innerhalb des Punktesystems zudem nicht immer fair und könnten in der Zukunft politische Meinungen unterdrücken. Des Weiteren werden Personen ihre Lebensweise verändern, da sie durch ein „falsches"

Verhalten bestraft werden. Das Problem ist, dass sich eine Person nicht zwangsläufig aus dem Grund verändert, dass sie ein Moralbewusstsein besitzt, sondern aus dem Grund, dass sie Angst vor finanziellen Einbußen hat. Wollen wir wirklich eine Gesellschaft aufbauen, die nur nach der Maxime handelt, dass sie möglichst selber davon profitieren kann? Oder wollen wir lieber eine Gesellschaft aufbauen, die im Idealfall richtig handelt und bei einem Fehlverhalten nur dann bestraft wird, wenn es dafür eine gerichtliche Anordnung gibt?

DIE DIGITALE TRANSFORMATION VON UNTERNEHMEN

Durch die Digitalisierung gibt es viele Herausforderungen, die bestehende Unternehmen beunruhigen. Unternehmen müssen sich zwei Fragen stellen. Die erste Frage ist, welche Strategie das langfristige Überleben des Unternehmens sichert. Ich habe Ihnen den digitalen Darwinismus bereits am Anfang des Buches erklärt. An dieser Stelle erhält der Begriff erneut eine wichtige Bedeutung. Bestehende Unternehmen müssen eine Strategie entwickeln, durch die sie sich an die neuen Umweltbedingungen anpassen können. Sollte es dem Unternehmen nicht möglich sein, das Geschäftsmodell zu transformieren, können neue Geschäftsmodelle von anderen Unternehmen Marktanteile des eigenen Unternehmens wegnehmen. Langfristig muss das Unternehmen, das Marktanteile verliert, sogar Insolvenz anmelden. Die zweite Frage ist, wie es das Unternehmen schafft, die derzeitigen Arbeitnehmer zu qualifizieren, um die geplante Transformation durchführen zu können. Dafür ist eine analytische Kompetenz, sowie das Verständnis der digitalen Wirtschaft, überlebenswichtig, um als Unternehmen langfristig bestehen zu bleiben.

Andererseits besitzt die Digitalisierung viele Vorteile, die Unternehmen nutzen können, um die Marktmacht zu steigern. Durch die Technologien der Digitalisierung ist es möglich, Kunden besser anzusprechen. Des Weiteren können neue Produkte und Services entwickelt werden, um als Unternehmen neue Märkte zu erschließen. Bestehende Unternehmen erkennen diese Potenziale allerdings meist nicht und sind erst spät dazu bereit, ihr Geschäftsmodell zu verändern. Ein Beispiel, das an dieser Stelle oft genutzt wird, ist der Zeitungsverlag. Der Zeitungsverlag erkannte die Chancen des Internets zu spät, wodurch wichtige Einnahmequellen der Zeitungen, wie beispielsweise Wohnungs- und Partnerschaftsanzeigen zu Onlineplattformen, wie beispielsweise ImmoScout24, wechselten. Weitere Beispiele für eine mangelnde Transformationsbereitschaft gibt es im Mobiltelefonbereich. Nokia hatte im Vergleich zu Apple und Samsung eine fehlende

Innovation, währenddessen Blackberry zu lang an Mobiltelefonen mit Tastaturen festhielt.

Aber welche Möglichkeiten gibt es, um die Geschäftsmodelle eines Unternehmens radikal zu verändern? Um ein Geschäftsmodell zu transformieren, gibt es vier Möglichkeiten: „going digital" und „going physical", sowie „heading towards services" und „heading towards products". Heutzutage gibt es viele Unternehmen, die keine Produkte mehr herstellen und trotzdem hohe Umsätze erzielen. Das Hauptgeschäftsmodell von Google und Meta benötigt beispielsweise keine physischen Produkte, ist also komplett digital nutzbar. Diese Veränderung nennt man „going digital". Viele Digitalkonzerne, wie beispielsweise Amazon, bauen die physische Repräsentanz dennoch aus, um dadurch neue Kunden zu erhalten und neue Umsatzquellen zu erschließen. Diese Strategie wird als „going physical" beschrieben. „Heading towards services" (Deutsch:

Serviceorientierung) bedeutet, dass ein Unternehmen keine Produkte, sondern einen Service anbietet. Dadurch besitzt der Anbieter den Anreiz, Produkte funktionstüchtig zu halten. Durch eine Serviceorientierung verringert sich die Komplexität auf der Kundenseite. Des Weiteren können Unternehmen längere Verträge schließen, um eine bessere Umsatzprognose erstellen zu können. Ein Beispiel für ein Unternehmen, das serviceorientiert agiert, ist Rolls-Royce. Rolls-Royce „verkauft" Flugzeugturbinen an Unternehmen. Im Gegensatz zu produktorientierten Unternehmen (heading towards products) werden die Flugzeugturbinen unter Servicevereinbarungen mit Flugstundenraten betrieben. Das Unternehmen kauft die Turbinen nicht, sondern zahlt nur eine Art „Abonnement" für die Nutzung der Turbinen, das monatlich oder jährlich abgebucht wird. Sollte die Flugzeugturbine defekt sein, wird sie kostenfrei von Rolls-Royce repariert. Durch eine

Serviceorientierung können neue Kunden gewonnen werden, die keine großen Anzahlungen für den Kauf von, zum Beispiel Turbinen, leisten können. Unternehmen, die produktorientiert arbeiten, besitzen hingegen den Vorteil, durch Standardisierungen höhere Losgrößen produzieren zu können. Des Weiteren bieten produktorientierte Unternehmen keinen oder nur einen simplen Service an, wodurch die Komplexität gering ausfällt.

Welche der vier Strategien ein Unternehmen nutzen sollte, hängt von der derzeitigen und zukünftigen Marktsituation des Unternehmens ab. Der allgemeine Trend geht aber in Richtung der digitalen serviceorientierten Geschäftsmodelle. Insofern ein Unternehmen die Strategie besitzt, digitale Dienstleistungen anzubieten, muss als nächstes ein passendes digitales Geschäftsmodell ausgewählt werden. Da es Dutzende digitale Geschäftsmodelle gibt, möchte ich nur auf die folgenden drei Modelle genauer eingehen: Freemium, Open Source und Hidden-Revenue-Generation.

Das Geschäftsmodell „Freemium" besteht aus den Wörtern „free" und „Premium" und bedeutet, dass es eine kostenlose Basisversion, sowie eine kostenpflichtige Premiumversion für einen Service gibt. Durch die kostenfreie Basisversion können mehr Kunden erreicht werden. Sollte dem Kunden die Basisversion gefallen, gibt es die Möglichkeit, dass dieser zu einem kostenpflichtigen Premiummodell umsteigt. Ein Freemium-Modell kann nur angeboten werden, wenn das Unternehmen die kostenlose Version kostengünstig oder kostenfrei anbieten kann. Das ist auch der Grund, warum es sich bei diesem Geschäftsmodell um ein digitales Geschäftsmodell handelt. Es ist nicht möglich, ein physisches Produkt kostenfrei anzubieten, da physische Produkte immer mit Kosten verbunden sind. Das Internet, sowie die Digitalisierung, sind also Haupttreiber des

Geschäftsmodells. Ein Unternehmen, dass das digitale Geschäftsmodell Freemium einsetzt, ist der Musikstreaming-Dienst „Spotify." Es ist möglich, Spotify kostenfrei zu nutzen, um Lieder anzuhören. Spotify bietet aber auch eine kostenpflichtige Mitgliedschaft an, die dem Nutzer mehr Funktionen bietet als die kostenfreie Version.

Das nächste Geschäftsmodell ist das „Open-Source-Modell". Die Software wird bei diesem Modell nicht durch ein Unternehmen, sondern durch eine öffentliche Community weiterentwickelt. Die Leistung der Community ist in der Regel freiwillig und wird nicht finanziell unterstützt. Da die entwickelte Lösung nicht dem Unternehmen allein gehört, sondern der Allgemeinheit, ist es meist nicht möglich, Geld mit dem erstellten Produkt zu verdienen. Um dennoch Geld mit dem Projekt verdienen zu können, entwickeln Unternehmen Erlösmodelle, um Gewinne indirekt durch, auf dem Projekt aufbauende, Einnahmeströme zu generieren. Ein Beispiel für Open-Source-Projekte sind Wikipedia und Firefox. Beide Projekte können kostenfrei verwendet werden. Ein weiteres Beispiel ist das Betriebssystem Linux. Linux hat keine Möglichkeit, um mit dem Betriebssystem Geld zu verdienen. Aus diesem Grund wird Linux kostenfrei angeboten, um Geld mit Schulungen der Software zu verdienen. Das Geschäftsmodell ist digital, da es ohne das Internet nicht möglich wäre, Zusammenarbeiten zwischen Menschen auf der gesamten Welt zu erlauben.

Das letzte digitale Geschäftsmodell, dass ich Ihnen vorstellen möchte, ist das „Hidden-Revenue-Generation-Modell". Die Besonderheit des Geschäftsmodells ist, dass Kunden gar nicht bemerken, dass es sich hierbei um ein Geschäftsmodell handelt. Bei diesem Geschäftsmodell verdient das Unternehmen kein Geld durch den Verkauf von Produkten oder Dienstleistungen, sondern durch den Kunden selbst. Beispiele für ein Hidden-Revenue-Generation-Modell sind Facebook und Google. Beide Unternehmen finanzieren sich nicht durch Abonnements oder Produktverkäufe, sondern über Werbeeinblendungen.

Dieses Kapitel sollte Ihnen zeigen, dass durch die Digitalisierung nicht nur neue Technologien entwickelt werden, sondern auch neue Geschäftsmodelle entstehen, durch die Unternehmen transformiert werden können. Des Weiteren ist es wichtig, dass Unternehmen nicht nur den Ist-Zustand der Marktsituation betrachten, sondern auch den Soll-Zustand. Wenn sich ein Unternehmen nicht regelmäßig die Frage stellt, in welchen Unternehmensbereich noch investiert werden kann, wird das Unternehmen keine langfristige Marktmacht aufrechterhalten können. Transformationen innerhalb eines Unternehmens bedeuten nicht, dass ein Unternehmen einen Fehler gemacht hat, sondern, dass ein Unternehmen rechtzeitig verstanden hat, dass der aktuelle Unternehmensbereich keine Zukunft mehr hat.

SCHLUSSBEMERKUNG

Ich hoffe, dass ich Ihnen mit diesem Buch einen weiten Einblick in die Digitalisierung geben konnte und Sie nun die wichtigsten Technologien der Neuzeit kennen und verstanden haben.

Ich bin der Überzeugung, dass uns die Digitalisierung auch in der Zukunft viele Vorteile und neue Möglichkeiten bieten wird. Die Digitalisierung wird einen großen Einfluss, auf die Art, wie wir leben und kommunizieren, haben und nicht nur unser gesellschaftliches Zusammenleben, sondern auch unsere Wirtschaft maßgeblich beeinflussen. Durch neue Technologien wird es neue Anwendungsmöglichkeiten geben, um Produkte und Services noch viel effektiver zu machen, als sie heute bereits sind. Es wird möglich sein, Krankheiten zu heilen, für die es noch keine Behandlungsmöglichkeiten gibt und Roboter zu nutzen, um pflegebedürftige Menschen zu unterstützen.

Natürlich gibt es auch Entwicklungen, die wir mit Vorsicht beobachten müssen, wie beispielsweise die zunehmende Kontrolle und Überwachung, gestützt durch Technologien, wie beispielsweise künstliche Intelligenz und Gesichtserkennung. Zudem wird es Innovationen geben, vor denen wir vielleicht Angst haben und hoffen, dass sie in diesem Ausmaß nicht realisierbar sind.

In den letzten Jahren habe ich vermehrt Artikel und Studien darüber gelesen, dass viele Menschen Angst vor den Auswirkungen der Digitalisierung haben und mehr Nachteile, als Vorteile durch die neuen Innovationen befürchten. Ich kann verstehen, dass Personen aus gewissen Berufsgruppen Angst davor haben, ihre Arbeitsstelle durch die Automation der Produktion und durch künstliche Intelligenz zu verlieren, dennoch sind die Vorteile der Digitalisierung meiner Meinung nach sehr viel größer als die Nachteile. Ich bin sogar der Meinung, dass es an Schulen ein neues Pflichtfach geben sollte – nämlich Informatik. Das Verstehen der Digitalisierung ist für die kommenden Generationen wichtig, da sie einen großen Effekt auf das Berufsleben, aber auch das gesellschaftliche Leben haben wird. Informatik als Pflichtfach würde auch dabei helfen, die Konsequenzen durch die Umwälzung des Arbeitsmarktes abzumildern, da Schüler mehr

Kompetenzen in den Bereichen erhalten würden, die für die Digitalisierung von großer Bedeutung sind. Des Weiteren muss die Ausrüstung der Schulen verbessert werden, um digitale Lernmöglichkeiten anbieten zu können. Nur so ist es möglich, dem Allgemeinbildungsauftrag der Schulen in Zeiten des 21. Jahrhunderts gerecht zu werden.

DANKSAGUNG

Ich danke erst einmal Ihnen: dem Leser dieses Buches. Ich hoffe, dass der Inhalt des Buches Ihr Leben bereichern konnte und Sie für Ihre Zukunft neue Erkenntnisse aus dem Buch ziehen konnten. Vielen Dank für Ihr Interesse an meinem Buch und Ihr Vertrauen in mich, dass ich Ihnen dieses Thema näherbringen kann.

Natürlich danke ich auch allen meinen Freunden und Familienmitgliedern, die mich während des Schreibens unterstützt haben und immer für mich da waren, wenn ich Hilfe gebraucht habe.

Besonders danke ich meiner Mutter und meinem Vater, da ich durch sie überhaupt erst in der Ausgangslage war, dieses Buch zu schreiben.

Ich danke auch allen weiteren Personen, die an diesem Buch beteiligt waren und dem Buch sowohl inhaltlich als auch äußerlich, den letzten Feinschliff gegeben haben.

ANMERKUNGEN

[1] https://www.bitkom-research.de/de/spotlight/research-spotlight-2017-03-digitale-transformation-der-wirtschaft

[2] https://www.import.io/wp-content/uploads/2017/04/Seagate-WP-DataAge2025-March-2017.pdf

[3] https://www.amazon.de/Eingriff-die-Evolution-CRISPR-Technologie-nutzen/dp/3662574446

[4] https://www.amazon.de/Kurze-Antworten-auf-große-Fragen/dp/360898383X

[5] https://www.tesla.com/de_DE/about